KB003314

데이비드 아처

얼음에 남은 지문

과 거 로 부 터 　온 　미 래 　기 후 의 　증 거

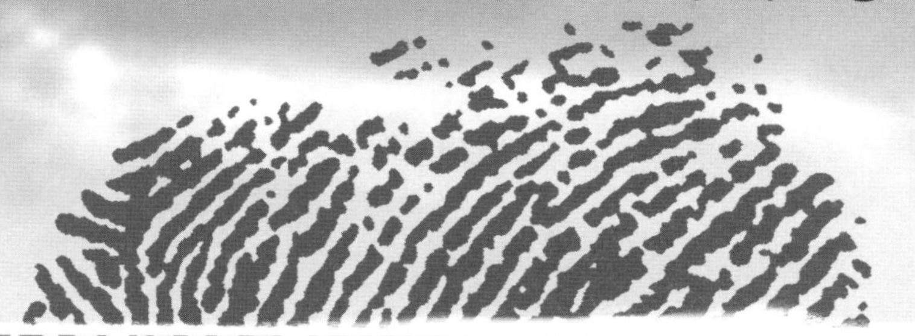

한국 독자 여러분께

먼저 이 책이 한국에서 번역 출간되고, 제가 이 책의 한국어판 서문을 쓰게 되어 영광입니다. 비록 언어는 다르지만, 우리는 모두 지구라는 행성과 이곳의 대기를 공유하고 있고, 아울러 미래에 대한 책임도 갖고 있습니다. 이 책을 통해 만나게 되어 무척 반갑습니다!

제가 이 책을 집필한 후에 수년이 흘렀지만, 지구 기후에 대한 인류의 영향을 과학적으로 밝혀내려는 노력은 근본적으로 변하지 않았습니다. 빙상의 융해에 대한 관찰 결과는 꾸준히 갱신되고 있습니다. 따뜻한 심층 해류에 의해 빙상과 해저의 접촉부가 침식되기도 하고, 표면에서 얼음을 관통하여 흘러내린 해빙수에 의해 빙상 바닥이 미끄러지기도 합니다. 특히 빙하학자는 서남극 빙상의 붕괴 가능성을 계속 경고하고 있습니다.

지구 기후계에 대한 모델 시뮬레이션도 세계 각지의 연구 그룹 간의 결과 비교와 실제 관측과의 대조 과정을 통해 향상되고 있습니다. 많은 새로운 모델은 물론, 에오세 온난기 및 팔레오세-에오세 최대 온난기와 같은 고기후 사건을 검토해 보면 (이산화탄소 농도 증가에 대한) 기후 민감도가 기본 변수들의 불확실성 범위에서 위쪽에 놓인 듯 보입니다. 이러한 현상의 원인으로 대부분 구름을 지목합니다. 구름은 대기를 통과하는 가시광선 및 적외선의 에너지양에 영향을 줍니다. 또한 구름은 소규모 과정들로 제어되기 때문에 아주 빠른 첨단 컴퓨터라도 지구 규모에서 구체적으로 시뮬레이션을 진행하기는 매우 어렵습니다.

한편 고기후 연구를 통해 과거의 대량 멸종이 주로 화산에서 방출된 이산화탄소 때문임이 밝혀졌습니다. 이는 지금 시대에 비추어 볼 때 달갑지 않은 결과입니다. 대량 멸종 연구는 이산화탄소에 의한 기후 변화뿐만 아니라, 해양 산성화, 무산소, 대기 오존층 고갈 등 우리가 당면한 여러 문제에 대한 통찰을 제공합니다.

늘 그렇듯 지구 온난화는 자연적인 변동으로 다소 가려져 있지만, 기온과 기상 이변 관련 통계를 통해 기후 변화가 계속 진행 중임을 알 수 있습니다. 대기·해양·육지 표면의 '빠른 탄소 순환' 속에서 이산화탄소는 꾸준히 증가하고 바다에는 열이 과잉 축적되고 있습니다. 최근 코로나19로 인한 이동 제한도 이산화탄소 배출을 감소시키기에는 충분하지 않았습니다. 대기 중 이산화탄소를 제거하는 연구가 속도를 내고 있지만, 아직은 엄청난 비용이 듭니다. 또한 지구 온도를 인위적으로 조정하자는 지구공학적 계획인 '태양 복사 관리'를 요구하는 목소리도 높아지고 있습니다.

기후 협상에서 합의한 대로 지구 기온 상승폭을 1.5℃로 억제할 수 있을지, 아니면 폭주 열차처럼 이 목표치를 쏜살같이 지나칠지는 향후 몇십 년 안에 판가름 날 것입니다. 고기후학자로서 보건대 이러한 상황은 대단히 충격적입니다. 과거의 기후 변화는 매우 오랫동안 지속되면서 지구를 상당히 바꿔 놓았지만, 현재의 기후 변화는 매우 가파르기 때문입니다. 하지만 우리의 인식을 먼 과거와 미래로 확장한다면, 다 함께 새로운 길을 선택할 수 있으리라 믿습니다.

서문

수년 전 나는 '탄소 발자국'이 수천 년간 이어지리라는 사실을 많은 사람이 모른다는 데 착안하여 이 책을 쓰게 되었다. 지금 태워지는 1갤런의 가스는 먼 미래에까지 영향을 미친다. 나는 이 책을 통해 나의 이러한 생각을 전할 것이다.

나를 포함해 여러 과학자가 이 책에 나오는 과학적 내용을 논문으로 자세하게 설명했다. 그러나 지구 온난화의 수명을 기껏해야 수백 년으로 보는 정도였다. 물론 수십만 년간 이어지는 사건을 수백 년으로 축약할 수는 있겠지만, 이는 시카고가 뉴욕시에서 몇 미터 떨어져 있다고 말하는 것과 다름없다. 틀린 말은 아니지만 잘못된 인상을 심어 줄 수 있다.

인류가 지구 기후에 영향을 끼친다는 사실은 새로운 차원의 공포를 안겨 준다. 지구 온난화가 100년 정도에 끝난다고 한다면, 빙상은 녹지 않고 제자리에 그대로 있을 것이다. 오늘날 급격하게 녹고 있는 북극의 얼음도 따뜻한 발자국이 사그라들면 다시 얼어붙을 것이다.

깊은 바다의 온도를 바꾸는 데는 100년 넘게 걸리기 때문에, 현재와 같은 열적 변동은 지구에 강한 자극을 주지 않는다. 다시 말해 해양 온난화는 해저 깊숙이 묻혀 있는 얼어붙은 메테인 하이드레이트에 큰 영향을 끼치지 못한다. 해수면 높이는 최댓값에 이르면 더는 상승하지 않을 수도 있다. 또한 태양 복사에너지 감소를 위한 공학적 전략을 수백 년 동안 시행하는 것이 훨씬 더 합리적일 수 있다.

지난 수십 년간 별로 달라진 게 없다. 2℃ 온난화를 저지하려는 협상은 물리적으로든 정치적으로든 달성하기 어려워 보인다. 하지만 나는 대세가 바뀌고 있다고 생각한다. 대체 에너지 가격이 예상보다 빠르게 하락하고 있으며, 기후 변화에 대처하지 않는 것이야말로 윤리에 어긋난다는 인식이 널리 퍼지고 있다. 화석 연료 사용이 곧 피해를 주는 행위로 인식되어 금지되는 것은 시간문제로 보인다.

지구에 더는 석탄이 없다면 기후 변화로 말미암은 종말은 오지 않을 것이다. 언제나 결정 내리는 일이 가장 어렵다. 항상 그래왔듯 서두르지 않는다면 정말 고통스러울 것이다. 하지만 바다에 유출된 기름을 깨끗하게 청소했듯, 우리는 대기로부터 이산화탄소를 처리할 수 있다.

아직 기회는 있다. 공포의 2℃를 초래할 탄소의 절반이 아직 땅속에 묻혀 있지만 말이다. 저명한 천문학자 디그래스 타이슨Neil deGrasse Tyson의 말처럼, "우리의 미래는 싸울 가치가 있다."

감사의 말

이 책은 제프리 키엘Jeffrey Kiehl, 잉그리드 그넬리히Ingrid Gnerlich, 다니엘 양Daniel Yang 및 익명 논평가의 도움을 받았다. 또한 켄 칼데이라Ken Caldeira, 앤디 리지웰Andy Ridgwell과의 대화에서 아이디어를 얻었으며, 이 책을 쓰는 동안 여러 공개 발표를 통해 이 책 속의 아이디어를 전달하고 날카로운 질문도 많이 받았다. 그리고 기후과학 웹사이트인 리얼클라이미트realclimate.org의 독자들로부터 이 책에 대한 수많은 피드백을 받고 있다. 이 책을 매개로 교류한 많은 사람에게 감사의 마음을 전한다.

차례

들어가며

지구 온난화의 역사를 들여다보다

지구 온난화는 인류의 가장 오랜 유산 중 하나로 자리매김할 수 있다. 화석 연료 연소로 방출되는 이산화탄소가 스톤헨지보다 오랫동안 대기에 영향을 끼치기 때문이다. 예상되는 영향력은 타임캡슐이나 핵폐기물은 물론, 인류 문명이 존재한 시대보다 훨씬 더 길다. 석탄은 타면서 대기 중에 이산화탄소를 남긴다. 배출된 이산화탄소는 앞으로 천 년, 즉 다음 천 년이 시작될 때까지 기후에 영향을 미칠 것이다. 지금은 단지 시작일 뿐이다.

다음 천 년 동안 대기 중에 넘쳐날 이산화탄소를 모두 발전소에서 배출된 것으로 볼 수는 없다. 이산화탄소 중 일부는 나무로 흡수되거나 토양에 묻힌다. 또 일부는 바다에 녹아들어 간다. 앞으로 설명하겠지만, 석탄 연소로 다음 천 년 동안 대기 중 이산화탄소 농도가 크게 증가할 수 있다. 석탄에서 배출되는 이산화탄소 중 약 10%는 10만 년 후에도 여전히 기후에 영향을 미칠 것이다.

지난 몇 세기 동안 인류는 과학으로 얻은 통찰력으로 겸허해졌다. 다윈은 인간이 생물학적으로 특별하지 않다고 말했다. 인간은 원숭이의 후손이며, 원숭이는 더 미천한 존재로부터 왔다. 코페르니쿠스는 지구가 우주의 중심이 아니며, 지구가 돌고 있는 태양 또한 다른 수십억 개의 별처럼 평범한 별에 지나지 않음을 발견했다.

지질학자들이 지구 역사를 재구성한 결과, 지구는 인류보다 훨씬 나이가 많으며 인간을 위해 특별히 창조되었다는 증거도 없었다. 지구 역사의 대부분은 인류 등장보다 훨씬 이전이다. 이 모든 것이 우리를 겸손하게 한다. 즉 지구 기후는 마치 캔버스처럼 인류의 가장 오래된 유산을 그려 내고 있으며, 인간은 지질시대의 중요한 등장인물이 되어 가고 있다.

이 책의 1부는 현재 우리가 처한 상황을 담고 있다. 지질시대에서 한 세기는 눈 깜짝할 시기다. 따라서 지질학적 관점에서 지난 세기와 다음 세기를 '현재'라고 생각하자. 지구 온난화를 둘러싼 이론은 지난 1세기 동안 꾸준히 제기되어 왔다. 대기 중 이산화탄소 농도가 꾸준히 상승한다는 사실은 약 반세기 전에 발견되었으며, 그전에는 온실 이론만으로도 기온 상승을 만족스럽게 설명할 수 있었다. 즉 이산화탄소가 증가할수록 더욱 따뜻해진다는 내용이다. 1부에서는 그러한 예측의 요구 사항과 근거를 설명할 것이다.

이 책의 2부에서는 과거를 짚어 낸다. 지질학의 기본 원리 중 하나는 현재가 과거의 열쇠라는 것이다. 지질학이 매우 긴 시간을 다루는 만큼, 오늘날 관측된 기후에는 과거가 반영되어 있을 수 있다. 빙상(대륙 빙하)은 돌을 가루로 부수고, 다른 곳으로 옮겨 퇴적시킨다. 마침내 수만 년 후에 수 미터 두께의 빙하 퇴적층이 만들어진다.

이 책은 과거를 미래의 열쇠로 삼으면서 남다른 철학적 전제를 내세운다. 여기서 지구 온난화 예측에 주목해야 한다. 지구 온난화로 얼마나 심각한 결과가 일어날까? 지구 온난화는 새로운 현상일까, 아니면 항상 일어나던 것일까?

지구 온난화는 지구 역사상 최초의 기후 사건이 아니다. 과거에는 더 큰 기후 변화가 있었다. 수년 만에 갑작스레 진행되어 천 년 동안 지속된 기후 변화는 물론이고, 공룡이 살았던 열대 세계에서 오늘날의 얼음 세계로의 느리면서 지루했던 전환도 있었다.

과거의 기후 변화를 재구성함으로써 미래 예측 모델을 시험해 볼 수 있다. 기후학이란 분야는 실제 기후 시스템으로 실험하지 않는다는 점에서 실험 과학이라 말하기는 어렵다. 기후 시스템을 이해하는 한 가지 접근 방법은 과거에 기후가 어떻게 변화했는지, 또한 기후가 다양한 자극에 어떻게 반응했는지를 재구성하는 것이다. 연구 계획서에는 고기후(옛 시대의 기후) 기록이 '자연 실험실'로 표현될 테고, 기후를 공부하는 사람은 미래를 예측하고자 과거를 이용하고 있다고 말할 것이다.

과거의 기후 변화는 미래에 대한 예측을 시각화하고 보정하는 데 도움이 된다. 지구 평균 기온은 1950년과 비교하면 2100년에 약 3℃ 더 높을 것이다. 이 정도 온도는 대수롭지 않아 보인다. 바깥 기온이 현재 이른 아침보다 적어도 3℃ 이상 따뜻할 테지만, 세상이 끝날 정도는 아니다. 그러나 문명화된 인류가 목격한 기후 변화는 모두 1℃ 이하였다. 이미 인간 활동으로 이만큼 따뜻해졌지만, 2100년 예측과 비교하면 아무것도 아니다.

이 책의 2부에서는 지구 온난화 예측에 연관된 과거의 기후 변화를 설명한다. 처음 3개의 장(4·5·6장)에서는 3개의 다른 시간 규모에서 일어난 3개의 자연적 기후 변동의 방식을 설명한다. 7장에서는 현재와 과거를 함께 다룬다. 처음 3개의 장을 건너뛰어 7장으로 바로 가더라도 논쟁의 맥락을 놓치지는 않을 것이다. 7장은 일종의 요약으로 보면 된다.

3부에서는 지구 온난화 현상의 미래로 관심을 돌린다. 대기 중에 넘쳐난 이산화탄소는 나무나 토양에 흡수되어 다른 화합물로 변환되거나 바다에 녹아든다. 그러면 온난화가 진정되기 시작한다. 여기서는 수백 년 동안 인류가 배출하는 이산화탄소의 대부분을 흡수하는 해양을 중요하게 다룬다.

초기 지구과학자들은 별생각 없이 이산화탄소가 수백 년보다는 빠르게 바다에 들어갈 것으로 믿었다. 아마도 인간 활동으로 말미암아 대기 중 이산화탄소 농도가 본질적으로 크게 변하지 않을 것으로 본 듯하다. 아무튼 지구는 푸른 행성이며, 해양이 지구 표면의 4분의 3을 덮고 있으니 말이다.

바닷물의 대부분은 수심 200m 이상 깊은 곳에 분포하는 차가운 심층수이며 천 년 주기로 대기와 접촉한다. 화석 연료에서 나온 이산화탄소가 심해로 들어가는 경로는 남극대륙이나 그린란드 부근처럼 일부 추운 지역의 해수면을 통과할 때뿐이다. 일종의 병목 현상으로 인해 화석 연료에서 배출된 이산화탄소가 바닷물에 용해되는 데는 수백 년이 걸린다.

사람에 따라 수백 년은 꽤 길게 느껴진다. 가령 모차르트는 수백 년 전에 살았다. 하지만 인간이 초래한 기후 변화에서 수백 년은 단지 시작일 뿐이다. 새로운 이산화탄소 덩어리가 대기와 해양 사이에서 어떤 식으로든 교환되더라도 대기 중 이산화탄소는 과잉 상태일 것이다.

남아 있는 이산화탄소는 암석과 반응한다. 화학적으로 화성암은 염기로 작용하여 산성인 이산화탄소를 중화하고 흡수한다. 이 과정에서 탄소의 마지막은 해저의 석회질 껍질로 마무리된다. 즉 탄소는 땅속에서 나와 화석 연료로 연소되지만, 끝내 석회암이 되어 땅속으로 되돌아간다.

주목할 만한 점은 이러한 암석과의 화학 반응으로 대기 중 이산화탄소를 줄이는 데는 수천 년, 심지어 수십만 년이 걸린다는 사실이다. 대기 중 과잉 이산화탄소는 대부분 바다에 용해되어 수백 년 만에 사라지지만, 나머지는 기다려야 한다. 다시 말해, 대기 중 이산화탄소의 최댓값은 긴 꼬리를 남긴다(8장의 그림 14 참조).

인류는 수백 년을 넘겨짚는 경향이 있다. 나만 해도 벤저민 프랭클린의 어린 시절이 내 어린 시절과 상상하기 어려울 만큼 다르지 않다고 생각한다(물론 프랭클린보다 TV를 더 많이 봤겠지만). 내 주변에는 지난 세기의 시작을 경험한 사람을 아는 사람도 있었다. 나는 지난 세기를 봐 왔으며, 내가 정말로 상상할 수 있는 것은 앞으로 한 세기 정도다. 60년이면 손자를 보고, 100년이면 증손자나 고손자를 본다. 그 뒤는 알 수 없다.

이러한 경향에 따라 기후 변화에 관한 과학과 정치도 1세기, 즉 100년이라는 기간에 초점을 맞추고 있다. 약 1세기 전부터 온도계로 온도를 측정하게 되었기 때문이다. 1장에서 설명하겠지만, 기후 변화에 관한 정부간 협의체IPCC의 지구 온난화에 대한 과학적 예측은 특히 현재와 2100년 사이의 기후 변화에 중점을 둔다.

인간 수명을 고려하여 상상할 수 있는 기간에 초점을 맞추면 아무래도 이해하기는 쉽다. 만약 우리가 천 년 또는 만 년을 살 수 있다고 해도, 100년 단위의 시간 규모로 관찰하는 것이 중요하다. 이유를 하나 꼽자면, 이산화탄소가 화석 연료로부터 수백 년에 걸쳐 방출되어 왔기 때문이다.

2100년이면 화석 연료 중 기름과 가스는 사라질 것이다. 그러나 석탄을 전부 태우는 데는 수백 년이 걸릴 수 있으며, 대부분의 탄소는 석탄으로 존재한다. 대기 중 이산화탄소는 올라갔다가 다시 내려와 수백 년 이내에 바다에 흡수된다. 따라서 가장 큰 기후 변화는 2100년을 기점으로 한 예측보다 훨씬 심하고, 수백 년 동안 이어졌다가 긴 꼬리를 남기며 사라질 것이다.

지구 온난화를 예측하고 대처하는 기간은 대략 수백 년 규모다. 인간이 초래한 기후 변화를 막기 위해 실질적인 결정을 내려야 한다면, 우선 100년 단위의 시간에 주목해야 한다.

(다른 이유가 없다면) 그저 호기심으로 훨씬 오랜 기간에 걸친 기후 변화를 생각해 보자. 지구는 수백 년보다 훨씬 오래되었다. 인류 문명이 지구 역사에서 독특하긴 해도, 인간이 이 오래된 지구의 기후 변화를 최초로 일으킨 것은 아니다. 과거의 기후 변화는 우리에게 더 먼 미래에 대해 많은 것을 말해 줄 수 있다. 현재의 지구 온난화는 시작에 불과하지만, 과거의 기후 변화는 이미 사라져 버렸기 때문이다.

최근 지질학적 시간에서 가장 인상적인 기후 변화는 천 년 또는 그 이상의 시간 단위로 일어났다. 거대한 빙상은 지구 궤도의 변화에 응답하며 천 년 주기로 자라고 녹는다. 자연적인 탄소 순환은 궤도에 대한 응답을 증폭하는 긍정적인 피드백으로 작용했다.

지구 기후는 만 년 주기의 지구 궤도 변화에 아주 민감하다. 어쩌면 이것이 화석 연료에서 나온 이산화탄소가 긴 꼬리를 남기게 된 이유일지도 모른다. 그러나 나는 인공 기후 강제력이 궤도 변화로 인한 기후 강제력을 압도하여 빙하기를 조절할 수 있음을 강조하고자 한다. 다시 말해, 인간은 궤도 변화에 버금가는 기후 강제력이 되고 있다.

오늘날 지구는 지질시대의 평균보다 더 춥다. 지구 역사의 대부분은 빙하가 없는 상태였다. 수백만 년에 걸쳐 지구 기후는 오늘날과 같이 서늘한 기후와 온실 기후 사이를 오간다. 4천만 년 전에 지구는 에오세 극대기로 불리는 온실 기후였다. 극지방까지 열대 기후였으며, 대기 중 이산화탄소 농도는 현재의 10배 또는 20배에 달했다.

온실 기후와 서늘한 기후 사이의 변화는 대륙지각과 해양지각 주변의 이산화탄소 순환에 따라 천천히 진행된다. 이산화탄소는 주로 화산이나 해저 온천에서 방출된다. 그리고 화석 연료의 이산화탄소가 그랬듯이 풍화 작용을 통해 흡수된다.

100만 년 넘게 지구 기후는 이산화탄소를 들이마시고 내뿜는 땅에 의해 결정되었다. 즉 에오세의 온실 기후와 현재의 서늘한 기후의 차이는 대륙 분포, 거대한 습곡 산맥의 형성, 식물 진화 등 탄소의 배출과 흡수에 영향을 미치는 요인에서 비롯된다.

화산은 매년 인간보다 훨씬 적은 양의 이산화탄소를 배출한다. 따라서 가까운 미래는 인간이 어떻게 행동하느냐에 따라 달라질 것이다. 인류의 산업은 자연적인 기후 강제력과 더불어 이전보다 100배

빠른 속도로 영향을 끼친다. 결과적으로 화석 연료 사용량은 대기 중 이산화탄소 농도를 수백만 년 전보다 충분히 높일 것이다.

다음 세기의 해수면 상승 추정값은 0.2~0.6m다. 이 예측에는 물이 따뜻해지면서 팽창하는 효과와 알래스카 등지 산악의 녹은 빙하물이 포함된다. 그러나 그린란드와 남극대륙에 있는 주요 빙상의 융해라는 중요한 사실이 빠져 있다. 과거 해수면의 변화는 IPCC의 다음 세기에 대한 온난화 예측보다 100배나 더 컸다. 과거의 거대한 기후 변화는 빙상의 성장과 융해로 일어났다.

IPCC는 이 가능성을 “장차 일어날 빙하 흐름의 급격하고 역동적인 변화”로 부르고 있으나, 빙상 붕괴가 다음 세기에 일어날지는 확실하지 않다고 결론 내렸다. 현재의 첨단 컴퓨터 모델은 수백 년 안에 빙상이 그다지 많이 녹지 않을 것으로 예측한다. 그러나 과거 수백 년 동안 빙상이 바다로 붕괴된 사례가 있다. 빙하는 빙상 모델이 밝혀야 할 융해의 비밀을 알고 있으리라 본다.

약 1만 4천 년 전 빙상이 녹는 동안 해빙수 펄스meltwater pulse 1A라는 시기가 있었다. 그 기간에 그린란드 빙상 3개와 맞먹는 양의 얼음이 불과 몇 세기 만에 바다로 녹아들어 갔다. 또한 북대서양의 퇴적물에는 3만 년 전과 7만 년 전 사이의 하인리히 사건이 남겨져 있다. 이때 북아메리카의 로렌타이드 빙상이 수백 년 만에 붕괴되어 많은 빙산이 대서양에 떠 있었고, 일부 ‘빙산 함대’는 멀리 남쪽의 스페인까지 이동하기도 했다. 만약 같은 식으로 그린란드 빙상이 붕괴되어 바다로 들어간다면, 이는 막을 수 없는 열차 사고가 한 세기 동안 이어지는 셈으로 볼 수 있다.

오늘날 빙하는 덜컹거린다. 빙하 위의 지진계는 예전보다 더 많은 지진을 감지한다. 그린란드 빙상 모델이 기후 변화에 대응하는 데는 수 세기가 걸리지만, 실제 그린란드 빙상의 유속은 이미 가속되고 있다. 즉 실제 빙상은 빙상 모델보다 기후에 훨씬 민감하다. 사악한 음모가 아니라 아직 할 일이 남아 있다고 보면 된다. 그에 따라 계산 빙하학computational glaciology이란 분야가 떠오르고 있다.

수천 년이 넘는 기간에 해수면을 급격하게 바꿀 새로운 원인은 아직까지는 없다. 빙상 모델이 해빙수 펄스 1A나 하인리히 사건을 염두에 두지 않더라도, 여름철 기온이 3℃ 상승하면 그린란드는 실제로 녹을 것이다. 그린란드가 녹으면 해수면은 7m 정도 상승한다.

과거 지질시대의 해수면 변동을 살펴보면, IPCC의 2100년에 대한 예측보다 지구 기후 변화에 훨씬 연동되어 있음을 알 수 있다. 과거 해수면은 지구 평균 기온이 1℃ 달라질 때마다 10~20m씩 변화했다. IPCC는 3℃ 온난화에 해수면이 보통 20~50m 높아진다고 예측한다. 그리되면 우주에서 확연히 보일 만큼 지구의 지도가 바뀔 것이다. 이 같은 해수면의 격변에는 수천 년이 걸릴 수도 있지만, 화석연료의 이산화탄소는 그러한 변화를 틀림없이 가져다줄 것이다.

왜 우리는 10만 년 후의 기후 변화에 관심을 가져야 하는가? 기후 변화를 10만 년보다 훨씬 짧은 2100년까지 예측한다 해도 결과를 목격할 사람이 거의 없는데 말이다.

인간 행동과 관련한 경제 법칙에서 시간에 대한 초점은 훨씬 더 짧아진다. 가치에는 시간에 따라 이자가 붙게 마련이다. 100년 후에 100달러를 마련해야 한다면, 매년 인플레이션을 감안하여 3% 금리의 통장에 오늘 5달러에 넣어 두면 된다. 500년 후에 100달러를 마련해야 한다면, 시작을 0.003센트로 하면 된다. 경제학의 틀에서 보자면, 10만 년 후의 기후 영향은 우습게도 합리적인 의사 결정과 아무런 관계가 없다. 나는 TV에서 경제인들이 그런 분석에 코웃음 치던 모습이 떠오른다.

그럼에도 인류 문화에서 기후 사건의 지속성을 엿볼 수 있다. 최초의 기록은 5,500년 전으로 거슬러 올라가며, 그보다 더 오랜 구전 기록이 있을지 모른다. 예를 들어 고대 그리스인이 오늘날까지 이어질 잠재적 비용, 가령 몰아치는 폭풍과 해수면 상승으로 인한 농업 생산량 10% 손실을 감안하면서 수백 년 동안 수익성 있는 사업을 해 왔다면 어떨까? 내가 말하려는 것은 이게 아니다.

고대 경제학자들은 우리에게 일확천금을 노리지 말고 돈을 투자하는 게 적절하다고 말했을지도 모른다(오늘날 덴마크의 통계학자 비외른 롬보르Bjørn Lomborg가 한 것처럼). 돈을 벌려면 받아들여야 한다. 지금쯤이면 고대 그리스인의 투자금이 우리가 입은 피해를 충분히 보상하고도 남을 만큼 크게 불어났을 것이다. 나에게는 낙숫물처럼 들리는 말이다.

어쩌면 미래 문명이 새로운 기후 체제에 적응할지도 모른다. 만약 인간이 에오세에 진화했다면, 그러한 기후에서 나름 편하게 살아갔을 것이다. 그러한 온실 세계를 헐값에 사들이는 방법이 없지는 않다. 그러나 우리는 에오세에 진화하지 않았고, 우리 후손도 우리와 마찬가지로 그런 세계에서 살아가며 불편해할지도 모른다. 대륙 내부의 넓은 지역은 말라 버릴 것이고, 허리케인은 더 강해질 것이다. 해수면 상승은 지구의 환경 수용력(어떤 환경에서 생존하거나 수용할 수 있는 개체군의 최대치-옮긴이)의 10% 이상을 잠식할 수 있다. 결국 온실 세계를 초래하는 한 세기 정도의 화석 연료 에너지에 터무니없는 비용을 지불해야 할지도 모른다.

기후 변화가 재앙으로 판명되면 지구공학자들은 지구를 서늘하게 되돌리는 방법을 제안할 것이다. 거대한 화산 폭발은 물방울과 입자로 된 연무를 성층권으로 방출한다. 이 때문에 성층권은 햇빛을 반사하고 수년 동안 눈에 띄게 기온이 낮아진다. 또한 상업용 제트 연료에 첨가제를 넣어 의도적으로 성층권 입자를 만들 수도 있다.

이와 더불어 대부분의 지구공학적 제안에는 지속적인 노력이 뒤따른다. 성층권 입자들은 한번 뿌려진 후 몇 년이 지나면 가라앉는다. 몇백 년에 걸친 기후 청구서(우리가 남긴 청구서)를 처리하지 못한다면, 그동안 축적된 이산화탄소 배출량으로 인한 기후 영향이 몇 년 내에 나타나기 시작할 것이다. 10만 년이라는 지구 온난화의 기간에 비하면 지구공학적 해결책은 초라해 보인다.

이산화탄소 문제를 지속적으로 해결할 수 있는 유일한 지구공학적 방법은 대기 중 이산화탄소를 포집하여 실제로 제거하는 것이다. 예를 들면 이산화탄소를 인공적으로 암석과 반응시킨 다음 땅속에 매장하는 것이다. 하지만 이산화탄소가 대기 중에 방출되어 희석되고 나면, 그걸 제거하는 데 에너지와 노력이 든다. 궁극적인 목표가 이산화탄소 정화라면 지금 화석 연료의 이산화탄소를 대기 중으로 방출하는 건 어리석은 짓이다.

환경 문제는 대체로 지속성을 띤다. 알다시피 원자력은 1만 년 동안 저장하고 보존해야 하는 폐기물을 만든다. 살충제DDT는 처음에는 동물에 해롭지 않으나, 특정 환경에서 꾸준히 사용하면 시간이 흐를수록 조류와 포유동물 몸속에 유독한 농도까지 축적될 수 있다. 이 문제를 해결하고자 현재는 독성 수치를 빠르게 낮추는 살충제가 사용된다. 가령 유기 인산염과 같은 일부 물질은 동물에게 즉각적으로 유독하지만 사용될 수밖에 없었다. 냉장고에 쓰이는 프레온 가스는 비활성 상태지만, 대기 중에 방출되면 결국 오존 파괴가 일어나는 성층권에 도달할 때까지 충분히 살아남는다. 새로운 프레온 대체 화학물질은 좀 더 빨리 분해되도록 설계되었다.

화석 연료에서 이산화탄소가 오랫동안 배출되면서, 우리는 화석 연료를 에너지원으로 사용하는 것이 얼마나 어리석은지 깨닫게 되었다. 1억 년 된 화석 연료의 매장량은 수백 년 만에 사라지고 수십만 년 동안 기후에 영향을 미칠 수 있다. 대기 중 화석 연료 이산화탄소의 수명은 수백 년이며, 그중 25%는 영원히 지속된다. 자동차 연료통에 기름을 가득 채울 때 다시 한번 깊이 생각해 볼 만한 문제다.

1부

현재

1장

온실 효과에서 지구 온난화까지

지구 온난화에 대한 예측은 전혀 새롭지 않을 뿐더러 지난 세기에 많이 달라지지도 않았다. 1827년 프랑스 물리학자 장 바티스트 조제프 푸리에Jean Baptiste Joseph Fourier는 온실 효과를 물리를 통해 풀어냈다. 푸리에는 나폴레옹의 이집트 원정군의 수학자였다. 그의 이름을 알린 푸리에 변환은 어떤 복잡한 신호를 고유 진동수를 가진 단순한 파동들의 합으로 분리하는 수학적 방법(가령 시간별 온도 변화를 밤낮 주기나 1년 주기 등으로 분리하는 것)을 말한다. 이를 흔히 스펙트럼 계산으로 부른다.

지구과학에 대한 푸리에의 공헌은 적외선을 흡수하는 대기 중 기체가 결국 지구 표면을 데울 것이라는 개념에서 찾을 수 있다. 그는 온실에 비유했으나 '온실 효과'라는 명칭은 나중에 붙여졌다.

지구와 같은 행성은 자연이라는 온도 조절기를 통해 에너지 수지의 균형을 맞추도록 설정되어 있다. 에너지는 태양광으로 지구에 들어오고 적외선으로 빠져나간다. 기체의 온실 효과는 에너지 수지에서 방출되는 적외선을 흡수한다. 절대 온도 0도보다 따뜻한 모든 물체는 적외선 영역에서 빛을 낸다. 뜨겁게 가열된 물체는 실온에서 적외선을 방출하며, 육안에 빨갛게 보인다.

어떤 물체의 에너지 손실은 적외선 복사로 나타나며, 그 속도는 물체의 온도에 따라 달라진다. 슈테판-볼츠만의 법칙에 따르면 물체는 σT^4의 비율로 에너지를 잃어버린다. 이때 σ는 슈테판-볼츠만 상수(자료집에서 흔히 찾아볼 수 있는 상수)이고, T^4은 물체의 절대 온도의 네제곱이다. 물체는 차가울 때보다 뜨거울 때 훨씬 빠르게 에너지를 잃어버린다.

그림 1의 윗부분처럼 행성은 태양에서 받아들이는 에너지와 우주로 내보내는 에너지가 같아질 때까지 가열 또는 냉각을 통해 에너지 수지의 균형을 맞춘다. 온도 조절은 이를 위해 고안된 부산물이다. 그림 1의 아랫부분에 묘사된, 싱크대에 흐르는 물과 유사한 개념이다. 수도꼭지는 열려 있고, 물은 싱크대로 떨어지고 있다. 싱크대 바닥의 배수구는 열려 있고, 싱크대 안의 수위가 높을수록 물은 빨리 빠진다.

수도꼭지가 먼저 열려 있었다면 배수구로 빠지는 물의 양보다 수도꼭지에서 흘러나오는 물의 양이 많아 싱크대의 수위는 높아진다. 수도꼭지에서 흘러나오는 물의 양과 배수구를 통해 빠져나가는 물의 양이 같아질 때(균형 수위)까지 싱크대는 채워진다. 만약 싱크대에 물을 가득 채운 상태에서 실험을 시작한다면, 균형 수위에 도달할 때까지 물이 채워지는 속도보다 배수구로 빠져나가는 속도가 훨씬 빠를 것이다.

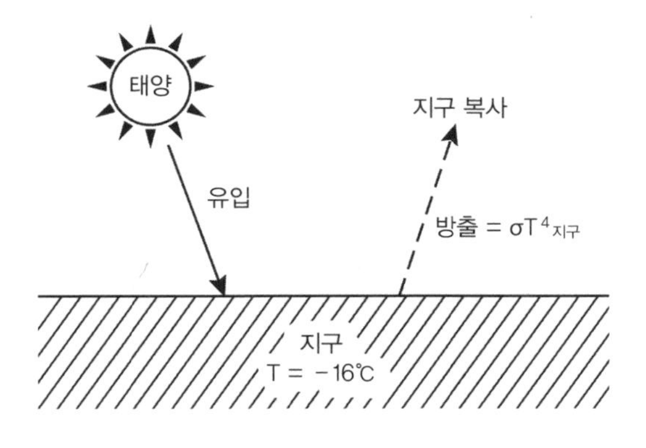

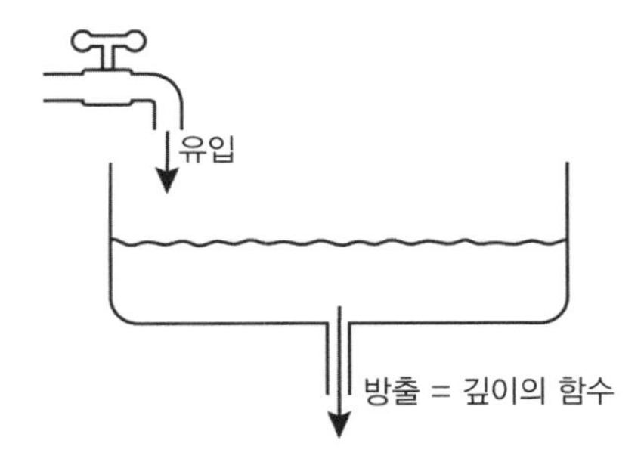

그림 1. 위: 대기가 없는 행성의 에너지 균형을 나타낸다. 행성의 온도는 적외선으로 나가는 에너지와 태양으로부터 유입되는 에너지가 균형을 이루면서 정해진다. 아래: 수도꼭지에서 물이 흘러 들어오고 배수구로 나가는 싱크대. 배수구로 빠져나가는 물의 속도는 싱크대의 수위에 의존한다. 수위는 물이 들어오고 빠져나가는 흐름의 균형으로 정해진다.

대기가 없는 행성에서 현재 지구가 받는 정도의 태양 에너지가 들어온다면 평균 기온은 전 세계를 얼릴 수 있는 온도인 약 -16℃가 될 것이다. 푸리에의 온실 효과에 따르면 지구는 대기가 없는 차가운 행성보다 훨씬 따뜻하게 유지된다.

놀랍게도 푸리에는 행성에 적외선을 흡수하고 방출하는 대기층을 추가했다(그림 2). 지구 표면은 태양에서 에너지를 받아들이고, 또한 적외선 복사로 방출되는 에너지 가운데 대기에서 재복사되는 에너

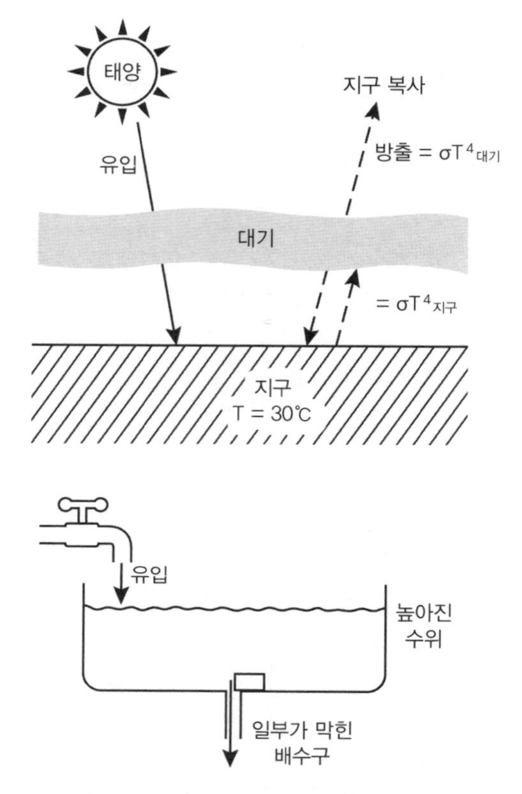

그림 2. 위: 대기와 유사하게 유리 한 장이 지면으로부터 적외선 복사를 흡수하고, 자신의 온도에서 적외선을 방출한다. 대기는 지면보다 더 차갑고, 적외선 복사는 대기의 방해를 받는다. 아래: 싱크대에서 부분적으로 막혀 있는 배수구, 즉 싱크대의 수위를 상승시키는 상황과 유사하다.

지를 다시 받아들인다. 그러면 지구의 표면 온도는 약 30℃로 올라간다. 높은 편이지만 지구의 실제 온도에 가깝다.

지구의 에너지 균형에 있어서 온실 기체의 역할은 싱크대 바닥의 배수구가 부분적으로 막힌 상태와 비슷하다. 포도나 오이 조각이 배수구 망으로 떨어지면 배수 속도가 느려진다. 싱크대의 수위가 높아져 배수구가 약간 막힌 상태에서도 물을 강제로 밀어낼 정도가 되면,

수도꼭지에서 유입 속도만큼 물이 빠르게 빠져나간다. 싱크대가 넘치기 전에 물의 균형이 맞춰지리라 예상해 봄직하다.

1896년 스웨덴의 화학자 스반테 아레니우스Svante August Arrhenius는 기후과학이 도약하는 발판을 마련했다. 아레니우스는 이산화탄소 증가로 인한 온도 변화를 예측하고자 달에서 방출되는 적외선 복사의 광도(밝기)를 측정했다. 그리고 현재 흔히 ΔT_{2x}로 줄여서 나타내는 기후 민감도의 양을 추산했다. 이는 대기 중 이산화탄소 농도를 2배 늘렸을 때 지구 온난화의 평균값으로 정의된다. 기후 민감도는 개별 척도의 기후 모델을 비교하는 데 쓰이는 첫 번째 기준점이다.

미국의 천문학자 새무얼 랭글리Samuel Pierpont Langley는 달빛의 적외선 데이터로부터 달의 온도를 측정하려 했다. 랭글리는 지구와 마찬가지로 달도 뜨거울수록 적외선 영역에서 더 밝을 것으로 생각했다. 그는 소금(암염)으로 만든 프리즘을 이용하여 '어두운 광선'을 파장의 여러 다른 대역(다른 색으로 표현됨)으로 분리했다. 소금은 적외선을 흡수하지 않는 고체 물질 중 하나다. 보이지 않는 여러 광선의 세기는 볼로미터(복사에너지 측정용 저항 온도계)로 측정되는데, 입사광이 온도계를 데우는 속도를 측정하는 원리다. 괜히 으스스한 느낌이 든다.

아레니우스는 랭글리와는 다른 방식으로 데이터를 사용했다. 그는 빛이 통과하는 대기의 양에 영향을 주는 습도와 달의 고도에 따른 어두운 광선의 세기를 구했다. 달빛 데이터에서 달빛은 빛이 통과하는 이산화탄소나 수증기가 많을수록 더 많이 흡수된다.

아레니우스는 이산화탄소를 2배로 늘리면 지구가 얼마나 따뜻해지는지 예측하는 데 이 관계를 사용했다. 이는 싱크대에서 물이 어떻게 빠져나가는지 해석하는 것과 같다. 아레니우스는 배수구 망에 당근 조각을 놓으면 물의 흐름이 얼마나 느려질지, 그리고 싱크대 안의 수위가 얼마나 높아질지를 정확하게 계산했다.

싱크대의 수위는 하나뿐이지만 지구 표면의 온도는 모두 같지 않다. 아레니우스는 오늘날 기후 모델과 마찬가지로 위도와 경도를 사용했으며, "특별히 관심을 두지 않았다면 나는 확실히 이런 지루한 계산을 하지 않았을 것이다"라고 썼다. 2년 넘게 손으로 직접 계산한 끝에, 그는 대기 중 이산화탄소 농도가 2배 늘어나면 지구의 평균 기온이 4~6℃ 상승한다는 결론을 내렸다. 혁신, 노력, 폭발적인 계산 능력과 같은 시대의 혜택으로 오늘날에는 이산화탄소 2배 증가 시 약 2.5~4℃의 기온 상승을 예측한다. 여느 과학과 마찬가지로 수정, 발견, 실수, 잘못된 방향 등도 있었지만 지난 세기에 이 예측값은 크게 바뀌지 않았다.

그러면 기후과학자들은 그동안 무얼 하고 있었을까? 지구 온난화가 예측에서 관찰의 대상으로 전환되면서 기후과학은 지난 몇십 년 동안 폭발적으로 발전했다. 전 세계적으로 기후 변화 연구에 연간 약 20억 달러가 들어갔고, 이 중 50%는 미국에서 쓰였다. 큰돈처럼 보이지만, 굳이 따지자면 석유 회사 엑슨 모빌Exxon Mobil이 벌어들이는 수익의 약 5%에 불과하다.

기후 연구비의 대부분은 우주에서 지구 기후를 다각도로 관측하는 인공위성에 사용된다. 인공위성은 비싸다. 전 세계 수천 명의 과학자가 기상 데이터를 분석하고 과거의 기후를 재구성하는 기후 모델과 이론을 발전시키는 데 힘쓰고 있다. 마치 기업가 같은 연구 행

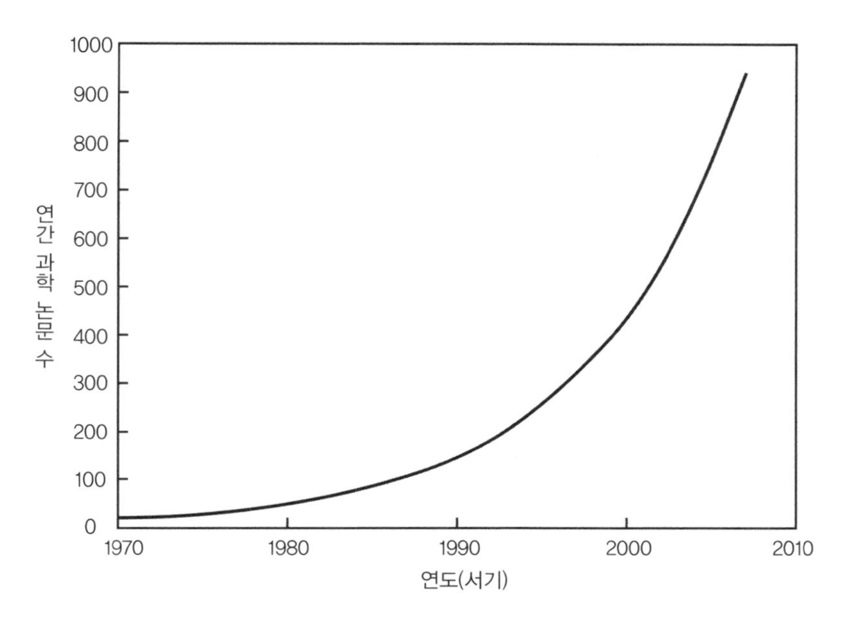

그림 3. 과거 35년간 기후 관련 과학 논문의 출판 현황

태다. 개인 또는 소규모 그룹은 연구 자금 지원과 논문 출판을 위해 새로운 아이디어를 찾는다. 지구 온난화에 관한 과학 논문은 지난 10년간 폭발적으로 증가하여, 1980년대에 연간 약 100편이던 것이 오늘날에 들어 수천 편이 되었다(그림 3).

기후과학은 잡동사니를 한데 그러모으듯 여러 학문 분야와 연계되어 있다. 한 예로 북극의 기후 변화를 이해하려면 토양학, 임학, 대기와 해양물리학, 북극곰 생물학 등 다양한 전공 분야가 필요하다. 총체적인 지구 온난화 예측에는 많은 정보가 포함되며, 한 사람이 전부를 한꺼번에 보유하기는 어렵다(나 역시 마찬가지지만).

지구 온난화의 위협에 대응하여, 세계기상기구WMO는 IPCC라는 과학자 조직을 창설하여 과학적 현황을 개괄하는 업무를 맡겼다. 그러니까 IPCC는 새로운 연구를 수행하는 게 아니라 출판된 모든 과학 논문을 개괄하고 종합하여 일관된 보고서를 만드는 일을 한다.

IPCC와 연계하여 연구를 수행하는 과학자들은 주로 대학이나 미국항공우주국NASA과 미국해양대기청NOAA 등의 세계적인 국가 연구기관에 소속되어 있다. IPCC의 제1실무그룹이 과학적 평가보고서를 작성하면, 제2실무그룹은 기후 변화 영향에 대한 보고서를, 제3실무그룹은 완화에 대한 보고서(대부분 이산화탄소 방출량 저감)를 작성한다. 다음 두 장에서 제시하는 지구 온난화의 전망과 영향은 이 보고서의 정보를 근거로 한다.

지구 온난화 예측의 주요소는 아레니우스의 계산 결과에 따른다. 하나의 중요한 예로, '얼음-알베도 피드백ice-albedo feedback'이 있다. '알베도'는 가시광선에 대한 행성의 반사율을 뜻한다. 구름과 마찬가지로 얼음과 눈도 햇빛을 반사한다. 우주로 반사되는 햇빛은 수도꼭지에서 나온 물이 싱크대 주변에 튀는 것과 비슷하다. 싱크대 바깥으로 튄 물은 배수구로 빠져나간 것이 아니다. 즉 싱크대의 균형 수위를 유지하지 않아도 되므로, 싱크대의 수위는 내려간다. 알다시피 싱크대의 수위는 지구의 온도에 비유할 수 있다. 입사되는 햇빛 중 흡수되는 양보다 우주로 다시 반사되는 양이 더 많다면 지구의 온도는 내려간다.

얼음과 빛의 결합은 피드백으로 불리는 인과 관계의 순환으로 드러난다. 이산화탄소 증가 같은 외부 요인으로 대기가 데워지면, 결과적으로 육지와 해양 표면의 눈과 얼음이 녹는다. 눈과 얼음은 빛을 매우 잘 반사하여 행성을 시원하게 유지하는 역할을 한다. 하지만 육지나 해양 내부는 유입되는 햇빛을 주로 흡수하기 때문에 행성은 원래보다 더 따뜻해진다. 긍정적인 피드백의 경우가 그렇다.

반면 북극은 열대지역보다 기온이 크게 상승하는데, 북극의 얼음이 녹으면서 드러난 맨땅이 얼음보다 햇빛을 더 많이 흡수하기 때문이다. 이는 아레니우스의 계산 결과, 지난 몇십 년간의 북극 기후 기록, 지구 온난화 예측에서도 확인할 수 있다. 그러나 남극에서는 불가사의하게도 이런 현상을 확인할 수 없는데, 오존 구멍과 관련 있는지도 모르겠다.

지구 온난화를 증폭하는 또 다른 피드백은 수증기와 관련되어 있다. 수증기는 온실 기체로 대기에서 방출되는 적외선 복사를 이산화탄소보다 더 많이 붙잡아 둔다. 물론 수증기가 이산화탄소보다 강력한 온실 기체라고 해서 이산화탄소 농도 증가를 간과해서는 안 된다. 대기 중 수증기 농도가 높아지면 습도 조절을 위해 비가 내린다. 따뜻한 공기는 차가운 공기보다 수증기를 더 많이 포함한다. 즉 이산화탄소 증가로 기온이 올라가면 대기 중 수증기는 더 많아진다. 결과적으로 온실 기체인 수증기는 지구 온도를 더 높이게 된다.

얼음-알베도 피드백과 마찬가지로 수증기 피드백도 지구 온난화를 증폭한다. 고위도에서만 적용되는 얼음-알베도 피드백과는 달리, 수증기 피드백은 지구 전체에 일정하게 영향을 끼친다. 또한 수증기 피드백은 이산화탄소 증가만 고려했을 때보다 온도를 약 2배 높인다.

수증기 피드백이 얼마나 강력한지는 아직 확실하지 않다. 따뜻해진 지구가 예상보다 건조할지 아니면 습할지도 의문이다. 지구 표면의 평균 상대 습도는 약 80%다. 아레니우스는 기온이 상승해도 지구는 80%의 상대 습도를 유지할 것으로 내다봤다. 따뜻한 공기가 차가운 공기보다 수증기를 더 많이 포함하고 있는 만큼, 상대 습도 80%라 해도 따뜻한 대기에 물 분자가 더 많을 수밖에 없다. 현대 기후 모델에서도 지구 온난화에서 상대 습도가 크게 변하지 않을 것으로 예측한다. 만약 모델의 예측과 달리 이산화탄소 증가로 더욱 습해진다면, 실제 수증기 피드백은 우리 예상보다 강해질 것이다.

결론은 별로 달라지지 않았지만, 지난 세기 동안 답변의 질은 확실히 개선되었다. 아레니우스가 단순히 추측했던 사안들이 오늘날에는 역학적 이해를 바탕으로 예측되고 있다. 모델의 예측이 현실적으로 검증되고 있다는 사실에 주목할 필요가 있다. 1930년대에 과학자들은 태양 흑점이 태양 활동의 변화에 따라 기후를 조절한다는 이론에 흥분했다.

가까운 과거의 기상 형태를 반영한 예측에 따르면 1930년대의 흑점 최소기 동안 아프리카는 건조해졌어야 했다. 그러나 아프리카는 그 기간에 습윤했다. 흑점 이론은 딱 거기까지였다. 3장에서 언급하겠지만, 최근에는 태양 에너지의 변화가 중세 온난기medieval warm period와 근세 소빙기little ice age 같은 100년 단위의 기후 변화에 큰 영향을 미친 것으로 보고 있다. 그러나 지난 수십 년 동안 태양 에너지의 변화는 온실 기체로 인한 기후 변화에 비하면 약한 편이었다.

1960년대에 미국의 수학자이자 기상학자인 에드워드 로렌츠Edward Norton Lorentz는 기후 예측에 영향을 주는 것으로 보이는 한 가지 문제를 제기했다. 1주 또는 2주라는 시간 범위를 넘어서면 근본적으로 일기 예측이 불가능하다는 것이다. 이 현상의 일반적 명칭 중 하나는 '혼돈(카오스)'이고, 다른 하나는 '나비 효과'다.

이 문제의 핵심은 거의 동일한 기상 상태가 초기의 미세한 차이로 인해 별개의 상태로 나타날 수 있으며, 둘의 차이는 시간에 따라 커진다는 것이다. 오늘날 일기 모델상의 작은 결함은 점점 커질 것이고, 결국 모델의 나머지 예측은 쓸모없어진다. 나는 일기 예보의 정확성이 해를 거듭할수록 좋아지고 있다고 생각한다. 그러나 이전에도 그랬듯이, 앞으로 10일 후의 일기 예보를 무조건 신뢰하기는 어렵다. 10일 후도 확실히 예측하지 못하면서 어떻게 100년이나 10만 년 후의 일기 예보를 기대할 수 있을까?

누구도 다음 세기의 특정한 날의 특정한 날씨를 예측하려 들지 않는다. 날씨의 개별 변수는 무질서하지만, 장시간의 평균 날씨를 나타내는 기후는 그렇지 않다. 그림 1로 설명하자면 싱크대 안의 평균 수면을 기후라고 할 때, 수면의 물결은 날씨라고 할 수 있다. 싱크대의 수위가 흘러 들어오는 물로 조절되는 것처럼, 기후도 지구계 전체에 걸친 에너지 수지로 조절된다. 기상 관측은 싱크대의 물결을 예측하는 것과 같다. 따라서 흘러 들어오는 물보다 싱크대 안의 물에 대해 더 많이 알고 있어야 한다.

기후 모델에는 나름의 일기가 포함되며, 이는 미래 기후에 대한 통계, 폭풍이나 그와 유사한 현상의 빈도를 추산하는 데 유용하다. 그리고 10년간 1월 평균 기온과 같은 장시간의 평균값을 사용해 모델과 실제를 비교할 수 있다. 이는 아마도 '기후'에 관한 좋은 정의일 것이다. 그러한 측면에서 일기는 비록 무질서하지만 먼 미래를 예측할 수 있게 한다.

지구 표면의 에너지 수지가 장소에 따라 달라지므로, 온도도 장소에 따라 달라진다. 싱크대에는 하나의 수위밖에 없지만, 지구에는 어느 정도 표면 온도의 범위가 있다. 태양광 같은 에너지의 흐름은 적외선으로 우주 공간에 손실되기 전에 바람과 해류를 통해 다른 장소로 이동할 것이다.

그리고 그 흐름은 햇빛이 가장 강한 열대지역에서 열을 가져다가 고위도 지역으로 수송해 주기도 한다. 고위도 지역은 지구의 냉각 팬처럼 작용하여 열대지역의 열을 빼앗아 우주 공간으로 내보내게끔 한다. 만약 열대지역이 고위도 지역과 격리되어 있다면 극 지역을 냉각 팬처럼 사용할 수 없어 열대지역의 해양은 폭주하는 온실 효과로 인해 끓어오를 것이다. 지구에서는 그럴 위험이 없지만, 금성에서는 이러한 일이 일어나고 있다.

지구 표면에서 열의 이동은 유체의 흐름으로 나타나기에 모의실험을 하기도 어렵고 이해하기도 꽤 까다롭다. 당밀처럼 느리고 끈적끈적하게 이동한다면 설명하기가 비교적 쉽지만, 이것도 난류처럼 어지럽게 흐른다면 상황이 달라진다. 난류는 거대한 공간에서 일어나는 흥미로운 현상이지만 계산해 내려면 큰 도전이 된다. 지구에서 유체의 순환 패턴은 밀리미터에서 지구 규모까지 다양한 범위를 갖는다.

던져진 야구공의 궤적에 빗댈 수 있는 일부 자연 현상은 간단한 방정식으로 설명할 수 있다. 하지만 불행하게도 대부분은 유체의 흐름을 포착하는 간단한 방정식이 존재하지 않는다. 유체의 흐름은 문제 영역, 즉 지구의 대기와 해양을 3차원 좌표에서 조각 또는 블록으로 잘라 낸 다음 컴퓨터 시뮬레이션을 거쳐야만 알아볼 수 있다. 각 블

록마다 온도, 풍속, 수증기량 등이 설정된다.

조금 엉뚱해 보이지만 싱크대의 비유를 확장하여 다양한 온도를 갖는 지구에 대응해 볼 수 있다. 배수구와 수도꼭지가 설치된 싱크대가 여러 개 필요하고, 물이 한 싱크대에서 다른 싱크대로 흐를 수 있어야 한다. 각각의 싱크대는 인접한 싱크대와 수위가 다를 수 있다. 어떤 싱크대에는 다른 것보다 물이 더 많이 채워져 있고, 상당량의 물이 주변에 튈 것이다.

아주 구체적인 조건을 적용하여 시뮬레이션을 실행하면 컴퓨터의 자료 처리 시간이 매우 길어진다. 이는 기후과학의 큰 장벽이라 할 수 있다. 모델 해상도를 2배로 높이려면, 3차원에서 2배의 격자점이 필요하고 단계마다 8배나 더 많은 작업이 이루어진다. 설상가상으로 격자의 공간이 좁아질수록 시간 단계 또한 짧아져야 하고 그렇지 않으면 모델은 붕괴된다. 해상도를 2배 높였을 때 모델 계산은 16배 이상 느리게 실행된다.

구름을 역학적으로 시뮬레이션한다는 것은 매우 험난한 도전이다. 지구에서 흐린 하늘을 규정하는 데는 밀리미터 단위 공간에서의 물방울 간 충돌, 미터 단위 규모에서의 돌풍, 100km 단위 규모로 수렴되는 바람, 전 지구적 대기 순환 등이 검토되어야 한다. 이렇게 하려면 엄청나게 많은 격자점이 필요하다.

이상적인 상황은 기초 물리학과 화학만 알고 있는 컴퓨터 모델에 모든 복잡성을 넣어 주고, 구름이 어떻게 보일지 예측하는 것이다. 가장 빠른 컴퓨터가 처리하기에도 작업량이 매우 많은 편이다. 수년 동안(컴퓨터 시간으로는 영원한) 지구에서 가장 빠른 컴퓨터는 '어스 시뮬레이터Earth Simulator'로 불리는 일본 제품이었다. 이 기계도 지구 기후계의 구름이나 난류에 대한 모든 물리학적 특성을 해결할 만큼 충분히 빠르지 않았다. 심지어 무어의 법칙(인텔 창립자 고든 무어Gordon Moore가 제언한, 기술 개발 속도에 관한 법칙−옮긴이)으로 표현되듯 컴퓨터 계산 능력이 폭발적으로 성장했지만, 가까운 미래의 컴퓨터조차도 기후과학자가 만족할 만한 계산을 해낼 수는 없을 것이다.

다음 계획은 예를 들어 관측을 바탕으로 대기 중 구름의 양(운량)과 같은 대규모 거동이 모델에 들어가도록 프로그램을 짜는 것이다. 그리고 대기 모델의 각 격자는 세제곱미터당 구름 방울의 수, 물의 총함량, 구름 방울의 크기 분포, 기온과 수증기 함량을 기록한다. 구름의 서브루틴(하위 과정)을 통해 각 단계에서 얼마나 많은 물이 증발하거나 응결하고, 또 어떻게 물방울이 합쳐지는지를 추측할 수 있다. 이를 통해 좀 더 완성된 방식으로 기상을 관측할 수 있다. 근본 메커니즘에 의존하지 않는다는 점에서 이상적인 방안이다. 이러한 접근법을 매개변수화parameterization라고 한다.

경제 모델에서 수요와 공급의 법칙을 매개변수화로 볼 수 있다. 수요와 공급 곡선은 근본 메커니즘이라기보다는 결과로 표현된 경제 체계의 속성에 가깝다. 이 경우 근본 메커니즘은 투자자 개개인과 관련 있는데, 만족감, 질투심, 두려움, 탐욕, 사회적 야심, 운세 읽기 등 개인의 성향이 컴퓨터 프로그램으로 시뮬레이션되어야 한다. 기후가 어려운 계산을 다루기는 해도, 경제를 모델화하는 것보다 기후를 모델화하기가 더 쉽다.

기후과학자는 구름을 설명하는 체계를 마련하고, 그 체계로부터 실제 지구의 변동성을 알아내려 한다. 실제로 지구는 극에서 적도, 사막에서 정글, 산과 평야까지 넓은 범위에서 변화가 나타난다. 만약 그 체계로 오늘날 지구의 모든 운량 변화를 예측할 수 있다면, 기후 변화에 따른 운량 변화도 알아낼 수 있을 것이다. 그러나 매개변수화는 근본적으로 물리학과 화학이라는 벽돌로만 지어진 것이 아니다. 너무 많은 변수가 기후에 영향을 준다면 현실적으로 운량 변화를 확증할 수 없다.

매개변수화된 구름을 만드는 방법은 모델에 따라 다양하다. 어떤 매개변수화는 다른 것보다 나을지도 모른다. 공식적으로 모델을 상호 비교하는 프로젝트를 통해 매개변수화를 평가할 수 있다. 2007년 IPCC 과학평가에서는 과학자들의 경쟁 그룹 사이에 별개로 개발된 19개의 기후 모델을 서로 비교했다. 실제로 '복제, 경쟁, 비교'의 접근 방식은 실수와 편견을 근절하는 데 상당히 잘 작동하는 것으로 보인다.

기후 변화 과학에서 나타난 불확실성은 종종 지구 온난화를 걱정하지 말자는 주장으로 사용되었다. 변하지 않는 기후에 기준을 둔다면, 나름 직관적으로 느껴지는 논리다. 예보에서 '온난화'라고 하지만 틀릴 수 있고, 아예 온난화가 없을지도 모른다.

그러나 이산화탄소가 기후에 영향을 준다는 건 명백하다. 만약 푸리에의 온실 효과가 틀렸다면 지구 기후는 지금보다 훨씬 시원할 것이다. 또한 대기 중 이산화탄소 농도가 증가하고 있는 것도 명백하다. 이산화탄소 증가는 확실히 온난화로 응답한다. 무영향無影響이나 냉각 효과는 배제할 수 있다.

따라서 기상 예측에서 온난화를 가리키더라도, 온난화가 예측보다 더하거나 덜할 수도 있다. 이 책의 2부에 등장할 과거의 기후 변화는 우리의 예상보다 심각했다. 미래 역시 예상보다 나쁠 수 있다. 조심스럽게 진심으로 다가간다면, 기후 예측이 불확실하다는 사실이 자기만족을 위한 논쟁거리가 될 수 없다.

2장

지구 온난화를 일으키는 수많은 요인

온도계는 1724년 독일의 물리학자 다니엘 가브리엘 파렌하이트Daniel Gabriel Fahrenheit가 최초로 수은 온도계를 발명한 이래 요즘의 형태로 바뀌어 왔다. 화씨온도의 기원에는 여러 설이 있다. 그중 하나는 1708~1709년 겨울에 파렌하이트가 자신이 겪은 가장 추운 온도를 0℉로 설정했고, 100℉는 파렌하이트의 체온이었다는 것이다. 이 온도 단위에 따르면 물의 녹는점과 끓는점은 다소 어정쩡한 32℉와 212℉에 놓인다. 미국에서는 미터법이 새로운 것이라고 생각하는 경향이 있으나, 실제 섭씨온도는 화씨온도만큼 오래되었다. 담수는 섭씨 기준 0℃에서 녹고 100℃에서 끓는다.

온도 단위는 정의되어 있었지만, 최초로 측정된 온도를 서로 비교하는 것은 쉽지 않았다. 화씨온도의 현대적 정의는 파렌하이트 사후 몇 년이 지난 1739년에 채택되었다. 수은 온도계는 오늘날에도 여전히 좋은 온도 측정 방법으로 여겨진다.

온도는 비교적 보정하기 쉬운 물리량이다. 물과 같은 일반적인 물질은 시대가 달라도 항상 안정된 녹는점과 끓는점을 지닌다. 대기 중 이산화탄소 농도와 같은 다른 기후 변수는 측정하기 훨씬 어려울 뿐더러, 믿을 만한 직접 측정이 이루어지기까지 200년 넘게 걸렸다. 온도계를 이용한 온도 측정이 수십 년 또는 수백 년에 걸쳐 확실하게 비교되는 이유는 똑같은 물로 측정하기 때문이다.

지구 온난화를 알아내는 가장 쉬운 방법은 여름과 겨울, 낮과 밤, 열대지역과 극지역 등 지구 표면의 전체 평균 기온을 집계하는 것이다. 기후에 대한 컴퓨터 시뮬레이션으로 간단하게 평균 기온을 구할 수 있으며, 모델에서는 전 세계적 공간 격자점의 시간별 기온을 토대로 평균 기온을 산출한다.

실제로는 온도가 알려진 지역의 분포가 모델상 분포처럼 간단하지 않다. 그럼에도 데이터는 놀라울 정도로 넓은 범위를 포함한다. 일기예보를 위해서는 전 세계의 표면 온도가 주의 깊게 측정되어야 한다. 정장을 입은 사람들은 매일 우산을 가져가야 할지 말지를 알기 위해 오랫동안 상당한 비용을 기꺼이 지불해 왔다. 그 결과 시간별 기온, 강우, 바람, 습도, 운량 등의 훌륭한 날씨 데이터가 수집되었다. 해양학자로서 나는 이런 양질의 대기 데이터가 부러울 수밖에 없다.

전 세계의 평균 기온 측정값을 계산하려면 획득된 자료의 편차가 보정되어야 한다. 밤보다 낮에 더 많이 측정되었거나, 히말라야보다 유럽에서 더 많이 측정되었다면, 평균값은 이를 반영함에 있어 균형을 맞추어야 한다. 기후 추세 관련 논쟁에서는 대체로 기온 측정값에 대한 보정이나 정치적 편향보다는 데이터에 숨겨진 잠재적이고 미묘한 편차에 초점을 둔다.

평균 기온의 재구성에서 자주 논의되는 것 중 하나는 도시의 열섬 효과다. 식물로 덮인 땅은 증발로 냉각되기 때문에 도로포장이 된 땅이 식물로 덮인 땅보다 따뜻할 수밖에 없다. 문제는 계산된 평균 기온 상승이 지구 온난화가 아니라 열섬 효과일 수 있느냐다. 뜨거운 도시의 중심부도 지구의 일부분이며 지구 평균 온도에 기여한다. 그러나 도시는 이산화탄소 농도 증가로 따뜻해진 것이 아니다.

가장 쉬운 해결책은 도시의 데이터를 직접 걸러내어, 도시를 제외한 지역의 평균 기온을 도출하는 것이다. 주관적이고 부정확한 작업이지만, 반복된 연구로부터 도시 지역 배제와 상관없이 지구 평균 온도에 큰 차이가 없음이 밝혀졌다. 즉 문제없다고 증명된 것이다. 독립적인 경쟁 연구들을 살펴보면 도시의 열섬 효과를 다루는 방식과 상관없이 전 세계의 평균 육지 온도 추세는 매우 유사한 편이다(그림 4). 누군가 도시 열섬이 중요하다는 믿을 만한 증거를 내놓지 않는 한, 그에 대해 걱정하지 않아도 될 것이다.

지구 표면의 70%는 바다로 덮여 있다. 바다와 대기를 격리하는 해빙海氷이 없다면 해수면 온도는 대기 온도에 대해 많은 사실을 알려줄 것이다. 공기가 따뜻하다면 해수면 또한 따뜻해져야 한다. 그러므로 해수면 온도 추세는 육지 온도를 재구성하는 데 독립적으로 검토될 수 있다.

해수면 온도의 추세에도 편차에 대한 보정이 이루어져야 한다. 육지 온도 추세와 관련한 잠재적 열섬 효과의 편차보다 더 크게 나타나기 때문이다. 20세기 초반에는 양동이 안에 온도계를 고정해 놓고

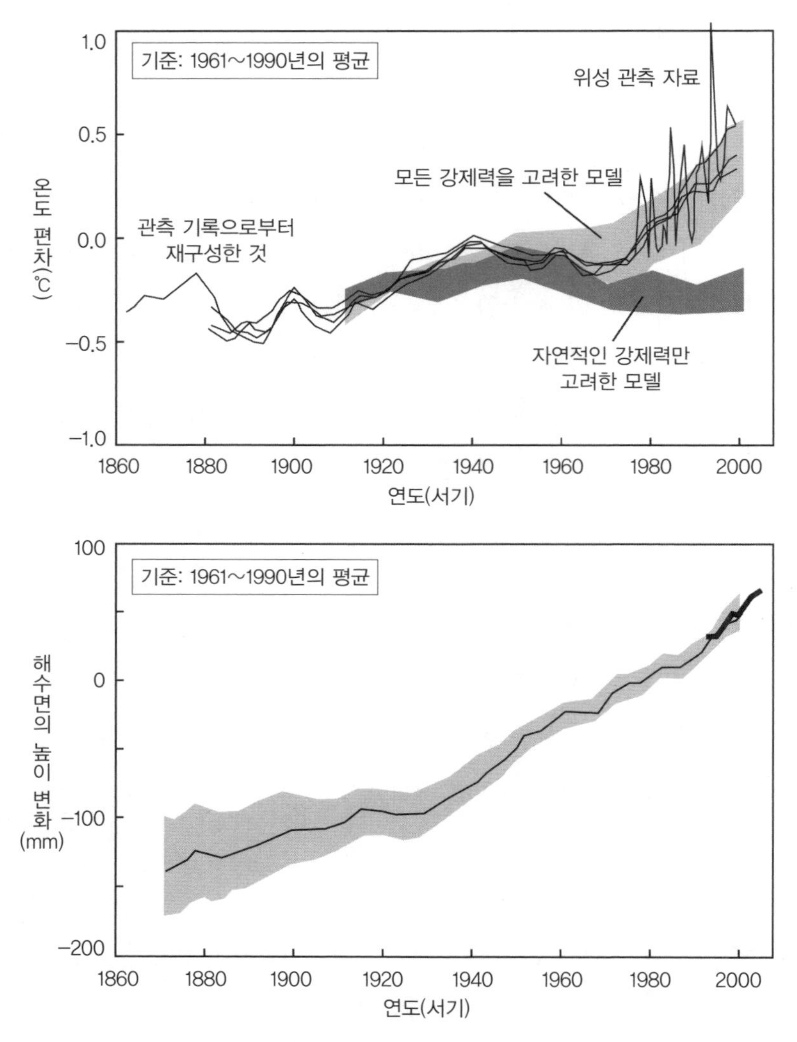

그림 4. 위: 인공위성에서 측정된 기상학적 지구 평균 기온과 인공 기후 강제력의 유무를 고려한 기후 모델의 예측값. 모델에는 이산화탄소가 기후 변화를 일으키는 온실 기체임을 인정하는 추세가 포함되어 있다. 아래: 지난 세기 동안의 해수면 변동.

밧줄로 수면까지 내려서 해수면 온도를 측정했다. 종종 갑판 쪽에서 바람이 세게 불면 양동이 바깥쪽의 물이 증발하여 냉각되었고, 이로 인해 온도 기록은 약간 낮은 쪽으로 편향되었다. 1940년대 중반에 이르면 엔진 냉각을 위해 바닷물을 빨아올리는 배의 기관실에서 해수면 온도를 측정했다. 이 측정 방법은 양동이 측정보다 해수면의 실제 온도에 더 가까웠다.

해양 데이터는 지구가 따뜻해지고 있다는 육지의 데이터를 입증해 준다. 해수면은 지표면보다 천천히 데워진다. 건조한 육지와는 달리 바다에서 증발되는 물의 양은 무제한이기 때문이다. 이는 도시 열섬 효과에 나타나는 현상과 같다. 도시의 땅은 식물로 덮인 땅보다 빨리 마른다. 또한 해수면은 대기를 데우는 열을 심해의 엄청난 물이 흡수하면서 차갑게 유지된다. 다음 장에서 설명하겠지만, 현재 대기 중 이산화탄소 농도에서 예상되는 온난화의 절반 정도는 아직 시작되지 않았다.

인공위성은 산소 분자가 방출하는 마이크로파(파장이 짧은 전자기파 —옮긴이)의 세기를 통해 대부분의 기상 현상이 일어나는 하층 대기의 온도를 측정할 수 있다. 산소는 따뜻할수록 마이크로파를 더욱 강하게 방출한다. 인공위성에서 내려다보면 지구 표면뿐 아니라 대기권을 통해 산소로부터 발생하는 마이크로파를 볼 수 있다. 다양한 스펙트럼 기법을 사용하여 마이크로파 신호는 여러 대기 고도 범위에서 온도 추정값으로 변환된다.

동일한 방식으로 보정되는 일련의 인공위성들로부터 장기간의 인공위성 온도 기록이 만들어진다. 만약 같은 시각에 같은 위치에 있었다면 표면 온도는 같아야 한다. 인공위성이 처음 운항을 시작한 이래 온도 기록에서의 편차, 결함, 오류 등이 개선되었다. 일부 큰 문제는 인공위성의 궤도가 서서히 느려지면서 측정 장치 해독에 변화가 생긴 것과 관련된다. 2001년 IPCC 평가 보고 당시에 인공위성의 기록을 검토했으나 표면 온도 기록에서 관찰된 온난화가 나타나지 않았다. 2007년 보고에서는 이런 불일치가 해소되었다(그림 4). 분석 과정의 어딘가에서 부호가 잘못되었던 것으로 밝혀졌다.

지구 표면의 평균 온도는 지난 세기 동안 전반적으로 상승해 왔다. 1940년대에서 1970년대까지 한랭기가 있었고, 그 이후 매우 강한 온난기가 있었다. 기록상 가장 뜨거웠던 21년 중에서 20년은 비교적 가까운 과거에 발생했다. 최근의 상승은 지구 온난화로 인한 것이다.

다른 온도 기록 역시 육지, 해수면, 인공위성 온도 기록에서 나타나는 지난 수십 년간의 온난화를 입증하고 있다. 한 예로 해수면 아래의 바다는 지구 온난화를 찾아볼 수 있는 좋은 장소다. 바다는 대기보다 훨씬 많은 열을 저장할 수 있고, 따라서 데워지고 식는 데 더 긴 시간이 걸린다. 그러므로 깊은 바다에서 얻은 온도 기록은 일부 연간 변동을 걸러낼 수 있고 대기에서의 장기간 추세가 강조된다.

해수면 아래의 온도는 과거 수십 년 동안 어느 정도 증가해 왔다. 해수면 근처에서 온도 변화가 가장 크고, 일부 해양에서는 수 킬로미터 깊이까지 변화가 관찰된다. 하지만 가장 깊은 곳의 심층수는 그다지 데워지지 않았다.

바다가 대기로부터 열을 흡수하여 따뜻해지면 지구 표면은 일시적으로 시원해진다. 오늘날 바다가 얼마나 많은 열을 차지하는가를 알아보면 바다가 따뜻해질 때 지구가 얼마나 따뜻해질지를 추정할 수 있다. 1950년 이후 지구 표면은 0.7℃가량 따뜻해졌는데, 만약 대기 중 이산화탄소의 상승이 오늘 멈춘다면 지금부터 수 세기 동안 약 1℃의 온난화가 지속될 것이다.

전 세계의 빙하가 녹고 있다. 빙하 대부분은 골짜기를 흐르거나 눈이 쌓인 산에서 몸집을 키운다. 빙하 얼음은 낮은 고도에서 따뜻한 공기와 만날 때 녹기 시작한다. 기후가 따뜻해지면 빙하는 아래부터 녹으면서 점점 짧아진다. 빙하는 3세기 전 근세 소빙기가 끝난 이후로 녹고 있는데, 지난 수십 년간 녹는 속도가 한층 빨라졌다. 킬리만자로의 눈은 2040년에 사라질 것으로 보이고, 미국 몬태나주의 글레이셔 국립공원Glacier National Park은 수십 년 안에 마지막 빙하를 잃을 것으로 전망된다.

특히 북극에서는 해빙海氷이 녹고 있다. 빙하가 덮힌 면적은 어떤 모델의 예측보다도 빠르게 감소하고 있다. 여름 해빙은 2050년에 이르면 완전히 녹을 것으로 추정된다. 해운 회사들은 3세기 동안의 조사 끝에 마침내 실체가 드러난 북서항로를 두고 행복한 계획을 마련할 것이다. 해빙이 사라지면 북극곰은 분명히 멸종 위기에 놓인다.

북극해는 지구 표면의 상당 부분을 차지하며, 그린란드 빙상과 북대서양 심층수의 생성 지역에 인접해 있다. 해빙은 지구상에서 햇빛을 가장 잘 반사하는 물질 중 하나인 반면, 바다는 가장 적게 반사한다. 24시간 동안 평균을 낸다면 밤에도 태양이 지지 않는 북극의 여름철 햇빛이 지구에서 가장 강하다. 녹아내리는 북극 해빙은 지구 온난화가 분수령으로 가고 있음을 보여 주는 가장 확실한 사례다.

해수면은 점점 상승하고 있다(그림 4). 오늘날 해수면 상승 요인의 3분의 2는 데워진 해양의 열적 팽창이다. 나머지 요인은 녹아내리는 빙하다. 그린란드와 남극대륙의 주요 빙상은 결국 막대한 양의 물을 바다로 흘려보낼 테지만, 현재 해수면에 끼치는 영향은 크지 않다(자세한 내용은 12장 참조). 해수면 상승에 관여하는 모든 과정은 느린 편이다. 그러나 대기 중 이산화탄소 농도의 증가가 오늘 멈추더라도 앞으로 수 세기 동안 해수면은 계속 증가한다.

허리케인, 특히 북대서양의 허리케인은 점점 강해지고 있다. 매년 분석 자료를 살펴보면 폭풍 강도는 해수면 온도 변화와 관련이 있고, 물이 더 따뜻해질수록 폭풍은 더 거세게 분다. 허리케인의 미래를 정확하게 예측하기는 어렵지만, 현재 추세가 계속된다면 상황은 아주 심각해진다.

지구 온난화가 인간에게 미치는 영향은 지금까지는 미묘하다. 몇 가지 예외가 있는데, 예를 들어 북극이 상당히 따뜻해졌고, 해수면 상승은 태평양 적도 해역의 일부 섬에서 두드러지게 나타난다. 기후 변화로 세계 경제가 망가지거나 전 세계에 기후 변화 난민이 발생하지 않은 것이다. 그러나 가장 강력한 기후 변화는 500년 동안 한번 일어날까 말까 한 사건으로 불리는 2003년 유럽 여름 폭염(2006년에 재발함)처럼 극심한 기후 사건을 불러올지도 모른다. 지금까지 우리가 목격한 기후 변화는, 다음 장에서 설명할 다음 세기에 대한 예측보다 훨씬 작을 것이다.

기후 강제력이라는 기후 변화의 작용 인자에는 네 가지 외부 요인이 있으며, 다음과 같다. 먼저 '온실 기체'는 확실하다. 다른 하나는 '석탄 연소를 통한 황 배출'로 대기 중에 연무를 형성하여 햇빛을 반사함으로써 지구를 식힌다. 나머지는 '화산 분화'와 '태양 에너지의 변화'다. 이러한 기후 강제력의 과거 기록들은 빙하를 시추하여 얻은 빙하 코어에서 측정되어 종합적으로 해석되었다.

기후 강제력 요인은 단위면적당 에너지(W/m²)로 비교할 수 있다. 화산 폭발로 햇빛이 1W/m² 감소한다거나, 온실 기체 농도가 증가하면 적외선 형태로 빠져나가는 에너지가 1W/m² 감소한다는 식이다. 미국항공우주국의 기후학자인 짐 핸슨Jim Hansen은 1W의 에너지를 내는 장식용 색전구를 예로 들면서, 이산화탄소 농도가 높은 대기의 온실 효과는 지표면 1m²에 색전구 2개 분량의 에너지가 하늘에서 내리쬐는 것과 같다고 말했다. 이걸 광고로 활용한다면 어떨까?

기후 변화에 대한 네 가지 요인 중 가장 큰 것은 대기 중 온실 기체의 농도 변화다. 이산화탄소 농도 상승은 전체 온실 기체로 인한 기후 강제력의 절반 이상을 차지한다. 나머지는 메테인, 프레온, 다른 미량의 기체 등이다. 1960년대부터 대기 중 온실 기체 농도를 측정하기 시작했고, 그 이전의 농도는 대개 남극대륙의 얼음 속에 갇힌 공기 방울로부터 측정했다. 인간이 방출한 온실 기체로 인한 기후 강제력의 전체 변화는 대략 3W/m² 정도다.

인간 활동에 의한 또 다른 커다란 기후 강제력은 석탄 연소에 의한 황 연무다. 석탄에는 황이 포함되어 있고, 연소할 때 공기 중 산소와 반응하여 황산이 된다. 황산은 공기 중에서 매우 효과적으로 가시광선을 산란시키는 에어로졸이라는 작은 방울을 만든다. 연무는 햇빛을 산란시켜 지구를 식히고 온실 기체에 의한 온난화 효과에 부분적으로 균형을 잡아 준다.

또한 배출된 황은 구름의 성질을 바꾸어 기후에 간접적으로 영향을 끼친다. 농축된 황산은 물에 녹지 못해 안달이다. 공기 중 산성 방울은 수증기를 집어삼키면서 몸집을 키우고 더욱 묽어진다. 황산 에어로졸은 아무것도 없는 깨끗한 공기에서 액체 상태의 구름 입자를 형성할 수 있다. 이런 현상은 비행운(비행기구름)에서 볼 수 있다. 선박들도 종종 맑은 하늘에 구름 띠를 남기곤 한다. 결국 황은 산성비의 주성분인 황산이 되어 비로 내린다.

대체로 에어로졸은 구름에서 방울 크기가 줄어든다. 방울이 작을수록 비가 되어 내리기 전에 대기 중에 더 오래 살아남는다. 따라서 대기를 흐리게 하면서 지구를 식힌다. 또한 큰 방울은 빛을 흡수하지만, 작은 방울은 유입되는 햇빛을 산란시키는 데 더 효과적이다. 이것이 비가 내릴 듯한 먹구름이 어둡게 보이는 이유다. 밝은 구름이 작은 방울들로 만들어지는 동안 먹구름은 더 크고 무거운 구름 방울로 구성된다. 구름에서 에어로졸은 햇빛이 더 반사되도록 한다. 에어로졸을 포함한 탁한 공기는 빛을 산란시키면서 지구를 냉각시키고, 탁한 구름도 같은 효과를 일으킨다.

에어로졸에 의한 지구 에너지 수지의 총변화량은 약 -1~-1.5W/m²다. 여기서 음수는 냉각을 의미한다. 따라서 겉보기에 에어로졸은 온실 기체로 인한 온난화의 상당 부분을 상쇄한다. 많은 선진국의 에너지 산업은 황 배출 저감 방면에서 비약적인 발전을 이루었다. 나머지 나라들도 경제적 상황이 나아지면 산성비 문제를 해결하려 할 것이다. 간단히 설명하자면, 에어로졸의 냉각 효과가 줄어들면 온실 기체에 의한 온난화가 확대될 것이다.

어떤 사람들은 에어로졸의 냉각 효과를 이용해 지구를 의도적으로 냉각시키자고 제안했다. 상업용 비행기가 날아다니는 성층권 정도의 고도에 에어로졸을 방출하면 대기 중에 더 오래 남을 것이다. 건조한 성층권에서는 어떤 빗방울도 황을 지표로 운반하지 못한다.

성층권에서 수명이 늘어난 에어로졸은 맑은 물을 산성비로 오염시키는 황을 방출하지 않고서도 지구를 냉각시킬 수 있다. 그러나 수년에 불과한 에어로졸의 수명은 이산화탄소의 수명인 수천 년보다 훨씬 짧다. 황산염을 사용한 의도적인 냉각은 일회성이 아닌 계속 진행 중인 프로젝트다. 이 프로젝트와 또 다른 '지구공학적' 계획에 대해서는 책의 말미에서 언급하겠다.

또 다른 2개의 기후 강제력 요인은 화산과 태양 에너지의 변화다. 화산은 성층권으로 황 연무를 주입하고 거기서 햇빛이 우주로 되돌아 나간다. 그 때문에 발전소에서 배출되는 에어로졸과 마찬가지로 지구를 냉각시키게 된다. 대형 화산의 분화로 인한 기후 강제력은 -10W/m^2 만큼 강해질 수 있고, 그 어떤 기후 강제력보다 크다.

성층권의 에어로졸은 몇 년 정도 머무르다 가라앉기 때문에 화산 분화로 인한 기후 영향은 상당히 약화된다. 기후 변화를 유발한 화산 분화로 기록된 것 중 최고로 칠 만한 것이 1991년 필리핀 루손섬의 피나투보Pinatubo 화산이다. 화산 분화로 태양 복사에너지가 4W/m^2 만큼 줄어들면서 거의 2년간 0.6℃ 냉각되었다. 즉 이 화산 분화는 기후 모델 검증을 위한 자연 실험이라는 의의가 있다.

태양 에너지의 변화는 전체 기후 강제력 중 가장 작으며, 일반적으로 약 0.1W/m^{2}다. 태양 에너지의 강도는 수십 년에서 수백 년에 걸쳐 변하고, 태양빛이 길고 느리게 깜박거리는 것으로 나타난다. 태양에서 나오는 열은, 태양으로 인한 에너지 흐름을 억제하는 자기 폭풍의 징후, 즉 흑점의 수와 관련된다. 태양 흑점 영역은 주변보다 온도가 낮지만, 태양의 전체 온도는 흑점이 많을 때가 더 높다.

1600년대 갈릴레이 이후로 사람들은 흑점 수를 관찰하고 기록하기 시작했다. 그러나 흑점은 마운더 극소기Maunder minimum로 불리는 1645년과 1715년 사이에 사라졌다. 이 기간은 유럽에서 근세 소빙기로 불리는 서늘한 기후가 나타난 시기와 일치한다(4장 참조).

과거의 태양 에너지의 강도는 빙하 코어에 남아 있는 우주선宇宙線의 생성물을 측정하여 추정할 수 있다. 우주선은 지구 대기에 도달하면 베릴륨-10과 탄소-14 같은 방사성 원소를 만들어 낸다. 태양이 가장 밝을 때 지구에는 강력한 자기장이 생기며, 이를 통해 우주선으로부터 스스로를 방어한다. 즉 태양이 밝을수록 우주선이 지구 대기로 적게 도달하고, 빙하 코어에도 탄소-14와 베릴륨-10의 양이 적게 남아 있다.

이러한 기록은 마운더 극소기처럼 흑점이 없던 동안 태양의 에너지 강도가 최소였다는 사실과 더 먼 과거의 태양 에너지 변동을 알려준다. 불행하게도 마운더 극소기와 같은 기간의 태양 강도에 대한 측정 자료는 없다. 빙하 코어의 베릴륨-10과 탄소-14 데이터를 태양 강도의 기록으로 변환하려면 몇 가지 추측이 필요하다. 태양이라는 기후 강제력의 실제 변동성은 최선의 추측과는 조금 다를 수 있다.

태양이 밝아질수록 가장 밝게 보이는 것은 자외선이다. $1W/m^2$의 자외선은 $1W/m^2$의 가시광선보다 기후에 더 강한 영향을 미칠 수 있다. 자외선은 성층권에서 오존을 생성한다. 오존은 상층 대기의 온도를 결정하는 온실 기체다. 자외선이 변하면 오존도 변하고, 대기 순환과 기후도 변한다. 태양은 우리가 생각하는 것보다 더 강력한 기후 조절자일지도 모른다.

지구 온난화에 대한 예측이 잘못된 것일까? 결국은 불확실성에 달려 있다. 태양 에너지의 변동과 기후 영향은 에어로졸이 구름과 기후에 미치는 영향처럼 불확실하다. 전 지구 대기에서 모든 돌풍과 물방울을 시뮬레이션할 수 있는 컴퓨터가 아직 없다. 즉 구름은 기후 모델의 제일원리로는 시뮬레이션할 수 없다. 세상은 놀랍도록 복잡하고 미묘하다. 아직 알려지지 않았지만 모든 것을 바꿀 만한, 꿈에도 생각지 못한 현상들도 있지 않을까?

만약 기후 모델이 자연적이든 인위적이든 기후 강제력의 네 가지 요인의 영향을 모두 받는다면(그림 4), 그 모델은 온도계와 자연의 대용 자료(프록시)로부터 온도 추세를 시뮬레이션해 볼 수 있다. 인공 강제력을 제외하면 자연 강제력은 문제가 되지 않는다. 태양의 변동, 구름, 에어로졸, 오존 등, 그 어떤 것도 지난 10~20년의 온난화를 설명할 수 없다. 태양은 더 밝아지지도 않았고, 구름이 적어지지도 않았다. 오존과 자외선의 변화로 지구가 더 더워지지도 않았다. 관측하기는 했지만 아무 일도 일어나지 않았다. 온난화를 유발하는 유일한 요인은 온실 기체다.

꿈에도 생각지 않은 현상들이 지난 수십 년간 이어진 온난화의 원인일 수 있을까? 알려진 대로 이는 무리한 가정이다. 특정 지역에 기후 변화를 일으키는 요인은 자연적 변동뿐이며, 이는 1장에서 비유한 싱크대 표면의 물결로 볼 수 있다. 그러나 전 세계는 지난 30년 동안 육지와 바다가 비슷하게 더워지고 있다. 과잉된 열에너지는 지구의 에너지 수지 불균형으로 발생했을 것이다.

지구 안팎에서 에너지를 얻는 방법은 많지 않다. 한 예로 가시광선은 구름이나 얼음 또는 지면의 피복 상태에 따라 지구의 반사율이 달라졌을 때 기후를 바꿀 수 있다. 그리고 온실 효과로 기후를 움직이는 적외선 복사가 있다. 오랜 관찰에 따르면 어떤 주의를 끌거나 검출되지 않은 채 지구와 우주 사이로 에너지가 빠져나가기는 쉽지 않다. 하지만 자연은 복잡하고 미묘하다. 틀림없이 새로운 발견이 이루어질 것이다. 논의를 위해 생각지도 못한 현상이 존재하여 관측된 열의 축적을 야기했다고 가정해 보자.

이미 지구 온난화에는 온실 기체의 농도 상승이라는 만족스러운 설명이 있다. 딴 데로 책임이 미루려면 왜 이산화탄소가 예상만큼 열을 가두지 않는지를 설명해야 한다. 살인 미스터리처럼 생각해 보자. 어떤 집사(이산화탄소)가 죽은 남자가 있는 방에서 연기 나는 총을 손에 든 채로 체포되었다. 대중의 관심이 쏟아지면 당신의 상사는 당신에게 "모든 것이 하나의 사실을 바탕으로 해야 한다"와 같은 보고서를 작성하라고 할 것이다. 그래, 그 총알은 그 총에서 발사되었어. 그래, 집사가 그 총을 구매했어. 모든 것이 맞아떨어진다.

그러나 당신의 동료인 밥은 운전기사가 살인을 저질렀다고 주장한다. 당신은 사건 당시 운전기사가 마을 반대편에서 열린 그의 여동생 결혼식에 참석했으며 많은 사람이 그를 보았다는 사실을 알아냈다. 그러나 밥은 증거가 있어도 당신이 그것을 알아내지 못할 것이라고 말한다. 당신은 밥에게 운전기사가 유죄판결을 받으려면 집사의 무죄를 입증해야 한다고 반박할 것이다. 밥은 집사의 연기 나는 총과 총알 등에 대해 무죄를 밝힐 준비를 할 것이다.

이산화탄소와 다른 온실 기체로 관찰된 온난화를 쉽게 설명할 수 있다. 이산화탄소의 기후 영향에 대한 예측은 기후과학의 100년 동안 크게 바뀌지 않았다. 지구 온난화 예측이 잘못되려면 기후가 이산화탄소 및 다른 온실 기체에 둔감해야 한다. 그러면 우리는 이산화탄소를 원하는 만큼 대기 중에 버릴 수 있으며 기후도 따뜻해지지 않을 것이다. 새로운 이론은 잘 정착된 온실 기체의 기후 효과를 쫓아낼 명분을 내놓아야 한다.

이어지는 두 번째 연결 고리를 주목해야 한다. 지구 온난화 예측이 잘못되려면 뜻밖의 두 가지 현상이 요구된다. 하나는 온난화 유발 원인에 대한 것이고, 다른 하나는 온실 기체에서 떨어져 나온 특권을 누가 갖는가에 대한 것이다. 매우 어려운 주문이다.

결론은 기후 기록을 설명할 수는 있지만, 심각한 지구 온난화를 예측할 만한 경쟁 이론이나 모델이 없다는 것이다. 그럼에도 현실의 불확실성 범위에는 계속되는 이산화탄소 방출로 인해 지구 온난화가 일어나지 않을 가능성은 없다.

1990년 IPCC는 지구 평균 온도가 증가하여 2000년까지 지구 온난화가 자연적 기후 변동의 노이즈 이상으로 감지되리라 예측했다. 이는 IPCC가 일찍이 "지구 기후에 대한 뚜렷한 인간의 영향"이라 선언한 1955년부터 거론되어 왔다. 아프리카의 가뭄과 태양 흑점의 연관성을 제안했던 1930년대와는 달리 이번 예측은 실패하지 않았다. 그저 일어났고 지금도 일어나고 있다. 2007년 나온 4차 보고서는 "20세기 중반 이후의 지구 평균 온도 상승 대부분은 인위적인 온실 기체의 농도 증가 때문"일 가능성이 90~99%라고 결론을 내렸다.

3장

다음 세기의 기후를 예측하다

과거를 알아보기 전에 100년 후에 대한 예측을 잠깐 살펴보자. 기후 예측은 지금 시대에만 국한되지 않으며, 이에 대한 많은 조치가 수백 년에 걸쳐 진행될 것이다.

화석 연료 시대는 석탄이 고갈되는 2300년까지 이어질 것이다. 이산화탄소가 대기로 방출되고 바다로 용해되는 데는 수백 년에서 천 년이 걸린다. 즉 대기 중 이산화탄소 농도는 100년 단위로 상승하다가 다시 떨어지고, 수 세기에 걸친 급격한 기후 변화가 가라앉고 나면 수천 년간 새로운 따뜻한 기후가 이어질 것이다. 기본 예측은 이렇다.

이산화탄소 배출이 계속되고 기후가 예상대로 반응하면 지구 표면은 2100년까지 3~5℃ 더 따뜻해질 것이다. 겉보기에는 인상 깊게 들리지 않는다. 기온의 일교차나 연교차가 더 크게 느껴진다. 장기간 평균 변화는 추운 아침이나 따뜻한 낮과는 매우 다르다. 2100년까지 나의 고향인 시카고의 기후는 현재 아칸소주나 텍사스주처럼 따뜻해질 것으로 예상된다(두 지역 모두 시카고보다 평균 기온이 최대 10℃ 가량 높다—옮긴이). 이렇게 표현하니 머릿속에 확실히 들어온다.

예전의 빙하 주기와 더 먼 지질 시대를 살펴보고 과거의 자연적 기후 변화와 비교해 보자. 그러면 3~5℃ 따뜻해진다는 예측이 무엇을 의미하는지 잘 이해할 수 있을 것이다. 이것이 이 책 2부에서 우리가 알아볼 방향이다. 3부, 즉 미래를 다루기 전에 2100년까지의 기온 상승은 시작에 불과하다는 것을 짚고 넘어가야 한다. 온난화가 대기 중 이산화탄소의 변화를 따라잡으려면 수백 년이 걸린다. 따라서 이산화탄소 배출을 멈춘다 하더라도 앞으로 '준비 중인' 온난화는 있을 것이다.

과연 온난화가 나쁘기만 할까? 사람들은 휴가를 즐기러 플로리다로 여행을 간다. 이제 기후 변화는 플로리다의 따뜻한 날씨를 시카고로 가져오고 있다. 이미 경험했듯 약간의 온난화는 판단하기 어려우나 어느 정도는 유익할지도 모른다. 식물은 더 오래 성장할 수 있고, 대기 중 이산화탄소가 많을수록 더 빨리 자란다. 그러나 기온이 높아질수록 온난화의 영향은 강해질 것이고, 대부분은 분명 해로울 것이다. 기온 자체보다는 강우나 해수면 또는 폭풍우 등과 관련된 변화에서 심각한 영향이 나타날 것이다.

시카고는 연중 따뜻한 날이 많아지겠지만, 평균 기온 상승으로 여름철 혹서기도 증가한다. 물론 시카고는 열대와는 거리가 먼 온화한 도시다. 한번은 인도에서 자란 내 친구가 "기온이 40℃ 이상이면 아무것도 먹고 싶지 않아"라고 말한 적이 있다. 물론 살아갈 수는 있으나 기온이 너무 높을 때를 좋아하는 사람은 없다. 인간이 기온을 참는 데는 한계가 있다.

추위를 참는 데도 분명히 한계가 있다. 1896년 이산화탄소 농도 증가에 따른 기후 민감도를 최초로 추정한 스웨덴의 화학자 아레니우스(1장 참조)는 그의 고향인 스톡홀름에서 소폭의 기온 상승은 괜찮을 것이라고 썼다. 그러나 나의 노르웨이인 친구는 자신이 사랑하는 겨울의 스키장 눈이 녹아 없어진 것을 보고 마음이 아팠다.

미래의 지구에는 전반적으로 비가 더 많이 올 것이다. 지구 온난화를 둘러싼 다양한 예측 사이에서 꽤 확고한 주장이다. 따뜻한 공기가 찬 공기보다 수증기를 더 많이 운반하기 때문에 강우량도 증가할 것으로 예상된다. 전 세계적으로 약 3~5%의 강우량 증가가 예측된다. 기온과 마찬가지로 강우량 변화는 사소해 보일지 모른다. 선택의 갈림길에 서면 우리는 아마 강우량이 감소하는 쪽보다는 증가하는 쪽을 고를 것이다.

그러나 비가 증가하면 단시간에 물 폭탄을 쏟아붓는 폭우와 폭풍도 덩달아 증가한다. 많은 비는 홍수를 불러일으킨다. 또한 일반적인 강우량 증가라도 전 세계적인 강우 형태가 10년 또는 100년 단위로 이동하다면 국지적인 가뭄이 일어날 확률도 높아진다. 어떤 지역은 일정 기간 사라질지도 모른다. 내륙 지역은 따뜻해지면서 더욱 건조해질 것이고, 점차 북아메리카의 대평원과 같은 전 세계의 곡창지대를 위협하게 될 것이다. 북반구와 남반구의 위도 30도 부근에 있는 건조한 사막 지대는 더욱 건조해질 것으로 보인다.

온실 기후는 10년 또는 그 이상 이어지는 극심한 가뭄을 만들어낼 잠재력을 지녔다. 한두 해의 가뭄은 창고에 저장한 음식으로 버틸 수 있지만, 더 길게 이어지면 버틸 수 없다. 계속되는 가뭄은 식생과 토양을 가뭄이라는 조건으로 '고정'할 것이다.

불행하게도 가뭄을 확실히 예측할 수 없고, 따라서 대비하기 힘들다. 별개의 기후 모델이라도 전 세계의 평균 기후 변화에는 같은 결과를 제시하지만, 가뭄과 같은 국지적인 변화에는 그렇지 않다. 과거에 실제로 일어난 가뭄은 대체로 모델에서 예측한 가뭄보다 훨씬 심하다. 아마도 모델에서는 토양과 식생 사이의 피드백이 누락되거나 너무 약하게 처리되었을 것이다.

히말라야의 빙하 녹은 물은 갠지스강, 인더스강, 브라마푸트라강, 살윈강, 메콩강, 양쯔강, 황허강 주변에 사는 수십억 명의 사람에게 담수를 공급해 주고 있다. 겨우내 산지에 쌓인 눈은 봄여름에 물을 흘려보내고 농사에 요긴하게 쓰인다. 페루의 안데스산맥, 미국 북서부의 태평양 산지에서도 빙하는 여름에 물을 공급한다. 빙하가 줄어들면 이 지역의 물 공급 또한 심각하게 감소할 것이다.

해수의 표층 수온이 상승하면 태풍이나 허리케인으로 알려진 열대성 저기압이 더욱 강해질 수 있다. 열대 폭풍이 발생하려면 바람이 수렴해야 한다. 매년 80~90개 정도의 열대 폭풍이 만들어지는데, 그중 일부가 충분히 발달하여 허리케인이 된다. 일단 열대 폭풍이 만들어지면 해수의 온도에 따라 허리케인으로 발달하거나 그렇지 않을 수 있고, 바람 또한 열대 폭풍의 발달에 영향을 미친다.

열대 폭풍은 동일 조건에서 해수면이 따뜻할수록 위력이 더 세진다. 위성사진으로 허리케인의 강도를 재구성해 보면 지난 수십 년 동안 해수면 온도가 높아지면서 더욱 강해진 듯하다. 실제로 폭풍은 현재 이론상 예측보다 더욱 강하고 빨라졌다.

미국해양대기청은 허리케인의 증가 원인을 수십 년 주기를 갖는 대서양 해수면 온도의 진동인 대서양 수십년 진동Atlantic Multidecadal Oscillation으로 보았다. 그러나 해수면 온도에는 지구 온난화의 명확한 흔적이 남아 있다. 즉 현재 해수면 온도가 대서양의 온도 주기상 1940~1960년의 마지막 정압 단계(압력이 일반 대기압보다 높은 구간-옮긴이)일 때보다 따뜻하다. 만약 온난화가 자연적 주기가 아니며 폭풍이 온난화 이후에 발달한다면, 폭풍도 엄밀하게 자연적 주기를 갖지 않을 것이다.

미래에 대한 예측은 어둡다. 정확히 말하기는 어렵지만, 허리케인이 온난화와 더불어 강해질 수 있다는 확실한 위험이 존재한다. 과학자들은 허리케인이 얼마나 강해질지 예측할 수 있을 만큼 기후 시스템에서의 허리케인 발달을 충분히 이해하지 못하고 있다.

앞서 언급한 대로 다음 세기에는 해수면이 약 0.2~0.6m 정도 상승할 것이다. 한 걸음 더 나아가면 해수면 상승은 고도가 낮은 연안 지역에서 두드러질 것으로 보인다. 해수면이 크게 상승한다면 마이애미, 뉴올리언스, 네덜란드, 방글라데시, 상하이, 뉴욕은 위험에 직면하게 된다. 해수면 상승으로 투발루와 바누아투 같은 열대 태평양 섬나라 원주민들은 대피 계획을 이미 세워 두었다.

IPCC의 예측에 따르면 2100년까지 해수면 상승의 3분의 2는 해수의 열팽창에 기인한다. 해수의 온도 상승이 멈추고 새로운 기후가 평형 상태에 도달하는 데는 수백 년이 걸린다. 해수의 열팽창으로 인한 해수면 상승에서 벗어나는 데도 역시 수백 년이 걸릴 것이다. 해수면 상승의 나머지 요인은 육지에서 녹는 얼음이다. 대부분 아이슬란드와 알프스 등지의 산악 빙하, 소규모 빙하 그리고 만년설이 녹는 것이다.

그린란드와 남극대륙의 커다란 빙상이 다음 세기의 해수면 상승에 거의 기여하지 않을 것이라는 모델 계산도 있다. 빙상에 대한 모델에서 일반적으로 온도가 약 3℃나 그 이상 올라가고 충분한 시간이 주어졌을 때 그린란드의 빙상이 녹았다. 그린란드의 얼음은 해수면을 7m 상승시켜 전 세계 해안선을 바꿀 만큼 충분한 물을 가지고 있다. 빙하 융해에 대한 모델들은 대체로 그린란드가 녹는 데 수백 년, 심지어 수천 년이 걸릴 것으로 예측한다. 즉 100년 이내에 많이 녹을 것으로 보지 않는다.

걱정스러운 점은 예측에 사용된 빙하 모델이 실제 빙하의 움직임을 예측하기에 너무 느리다는 것이다. 모델로는 예측하거나 설명할 수 없는 융해 사건에 대한 과거의 기후 기록들이 있다. 그중 하나가 5만 년 전에 있었던 하인리히 사건이다. 이때 로렌타이드 빙상이 100년 단위의 기간에 붕괴되었고 북대서양에 많은 빙산이 떠다녔다. 또 다른 예는 해빙수 펄스 1A로 불리는 약 1만 4천 년 전의 사건으로, 이때 그린란드 3개 크기만큼의 얼음이 몇백 년 동안 녹아서 바다로 유입되었다. 이에 대해서는 4장에서 다시 다룰 것이다.

로렌타이드 빙상이 하인리히 사건을 유발한 방식으로 오늘날 그린란드가 바다로 붕괴된다면 더는 걷잡을 수 없다. 결과적으로 해수면이 상승하여 서남극 빙상이 바다에 떠다닐 수 있다. 그러면 북대서양의 해수 순환이 바뀌어 잠재적으로 북유럽과 북반구 고위도 지역의 기후가 바뀔 것이다.

남극대륙은 기온이 상승하더라도 남극 기온 자체가 어는점보다 한참 낮아서 빙상이 크게 녹을 것으로 보이지 않는다. 빙하 얼음은 바닷물과 접촉하기 전까지는 녹지 않는다. 공기가 따뜻할수록 눈이 더 많이 내리는 만큼, 다음 세기에 남극 빙상은 더 커지리라 전망된다. 남극대륙에서 측정한 빙상 두께가 이를 입증한다.

그러나 서남극 빙상에서 바다로 이어지는 흐름은 일련의 빙하류氷河流가 좁은 통로를 이용해 이동하는 것으로, 모델로 예측하기 어렵다. 빙하류는 매년 수 킬로미터의 아주 빠른 속도로 흐르는데, 내리막을 따라 매년 수 미터의 느린 속도로 흘러내리는 고착성 빙하를 뚫고 지나간다. 빙하류가 주위의 얼음보다 더 빠른 이유는, 움직이는 동안 마찰로 열이 발생하고 바닥 면에 윤활 작용을 하는 녹은 물이 제공되어 흐름이 더욱 활발해지기 때문으로 생각된다. 특히 얼음 표면이 이미 녹아 있다면 빙하류는 기후 변화에 매우 민감하게 반응할 수 있다.

서남극 빙상에서 흘러나온 빙하류는 물에 떠 있는 수백 미터 두께의 얼음 평원인 로스 빙붕으로 흘러간다. 빙붕에서 모델이 예견하지 못한 참혹한 양상을 볼 수 있다. 2002년 남극 반도의 라르센 B 빙붕이 파열되어 미국 뉴햄프셔주(약 2만 4천 km²)와 맞먹는 얼음 지역이 불과 며칠 사이에 작은 빙산들로 이루어진 푸르고 걸쭉한 덩어리로 바뀌었다(그림 5). 얼음 표면에 해빙수 웅덩이가 생기면서 일어난 파열이었다. 겉보기에 수직 형태의 이 물웅덩이는 얼음 안에 틈새를 만들어 구조를 약화했다. 갑작스러운 빙붕 파열을 두고서, 얼음 속 틈새의 간격이 너무 가까워서 얼음 조각들이 길고 유동적인 도미노처럼 무너졌다는 이론이 등장하기도 했다.

빙붕은 이미 바다에 떠 있는 상태이므로, 붕괴된다 해도 해수면에

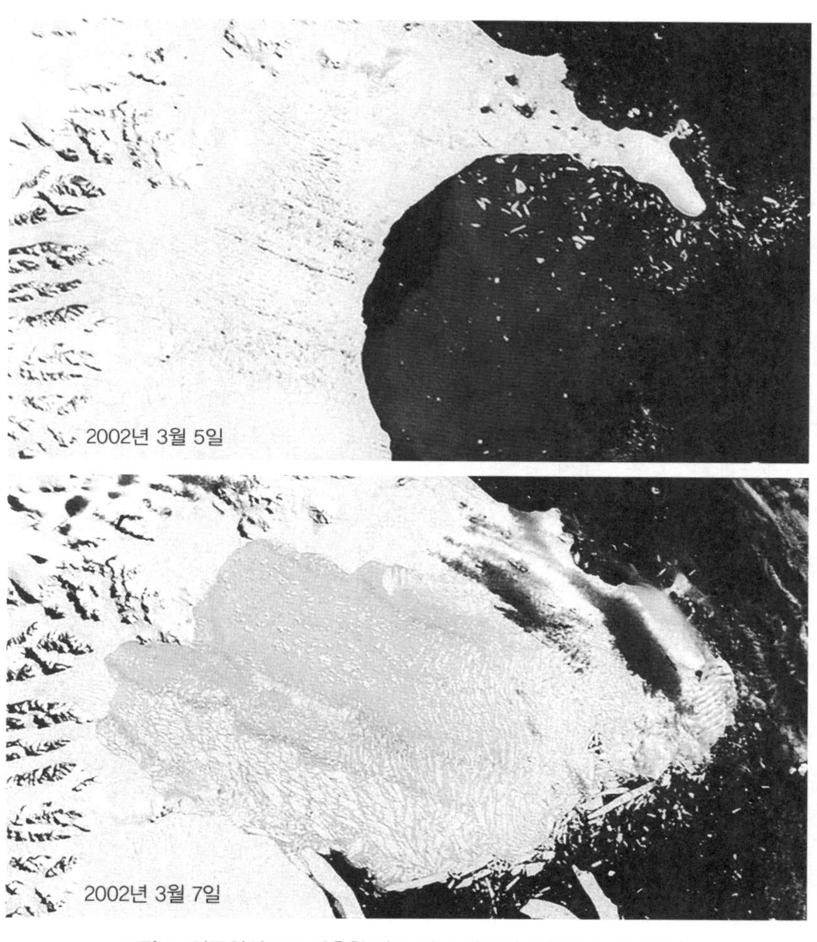

그림 5. 인공위성으로 관측한 남극 반도 라르센 B 빙붕의 붕괴 모습

아무런 영향을 미치지 않는다. 그러나 빙붕 쪽으로 흐르고 있는 빙하류는 빙붕이 떨어져 나가면 더 빨리 흐르기 시작한다. 이는 그린란드에서 녹고 있는 야콥샤븐 빙하의 이스브래 빙붕의 상류, 그리고 앞서 언급한 남극 반도의 라르센 B 빙붕에서 관찰되었다. 서남극 빙상은 로스 빙붕을 통해 바다로 흘러 들어가며, 라르센 B 빙붕에서 본 것과

같은 해빙수 웅덩이가 생기기 시작했다. 만약 로스 빙붕이 파열된다면, 서남극 빙상의 융해가 가속될 것이다.

일반적으로 현재 그리고 지질학적 과거로부터의 관찰은, 빙상이 믿음직한 모델에서 제시하는 것보다 갑작스레 녹을 수 있음을 알려준다. 빙상은 바다의 빙산으로 바뀌고 햇빛이 있는 저위도로 떠내려갈수록 빠르게 녹는다. 이러한 현상은 이전에도 일어났다. 이에 대해서는 10장에서 자세히 설명하겠다.

해수면 상승은 때때로 아주 느리거나 아주 빠르게 인간의 삶을 침해한다. 해수면 상승 때문에 농지는 소금으로 오염된다. 남태평양의 섬나라 투발루가 대표적인 예로, 영국의 작가이자 언론인인 마크 라이너스Mark Lynas의 저서 《지구의 미래로 떠난 여행High Tide》에서 생생하게 묘사되었다. 소금물은 지하수의 수면을 따라 상승하고, 서서히 모든 것의 성장을 가로막는다. 다공질의 육지로 이루어진 투발루에서는 방파제와 제방이 효과적인 방법이 아니다. 섬 주민들은 바다 건너에서 음식을 들여오고 있으며, 10년 안에 대피할 계획을 세우고 있다. 이주 가능한 섬 주민은 1만 명이며, 슬프지만 감당할 수 있는 수준이다. 그러나 방글라데시나 중국에 사는 수백만 명의 영세 농민에게 이러한 일이 일어난다면 이야기가 달라진다.

해수면 상승은 홍수와 폭풍 해일을 더욱 강화한다. 홍수는 강우량이나 융설(눈이 녹는 것)과 같이 기후와 관련되거나, (인간 주거지의) 토지 이용과 하천 관리(댐과 세금) 등의 여러 요인으로 일어날 수 있다. 폭풍 해일이 일어나면 허리케인 같은 커다란 폭풍 내부의 저기압으로 해수면이 높아진다. 해일은 몇 시간 또는 며칠 만에 왔다 간다는 점에서 만조와 비슷하다. 만약 허리케인이 심해지면 폭풍 해일이 더욱 세차게 일어나 전 세계의 해수면 상승이 가중될 것이다.

한 가지 확고한 예측은 기후 변화의 부정적 영향이 저개발 국가에서 가장 심하게 느껴지리라는 것이다. 폭풍, 쓰나미, 지진과 같은 자연의 공격으로 인한 사상자는 부유한 나라보다 빈곤한 나라에서 많은 편이다. 미국에서 한 세기 동안 지구 온난화가 일어난다면 신문의 헤드라인은 불편한 여름, 여러 차례의 가뭄, 허리케인 등으로 점철될 것이다. 좋은 대처 사례는 네덜란드로, 국토의 저지대를 바다로부터 보호하고자 제방을 건설하고 유지해 왔다. 반면 방글라데시는 해안이 길고 경제적 자원이 부족하여 해수면 상승에 적극적으로 대처하지 못할 가능성이 크다.

어떤 측면에서는 온실 기후가 유익할 수도 있다. 대기 중 이산화탄소는 식물에는 영양소다. 즉 이산화탄소 농도가 높을수록 식물의 생장 기간은 길어지고 강우량도 많아져 농업에 이로울 것이다. 대체로 이산화탄소 상승으로 인한 충격은 지금껏 견뎌 온 것과 같은 가벼운 기후 변화의 긍정적인 면과 부정적인 면이 섞이리라 예상된다. 그러나 2100년에 대한 예측처럼 강력한 기후 변화는 이로운 것보다는 해로운 것이 훨씬 많을 것이다.

한 세기가 지나면 실질적인 관심이 사그라든다. 보통 합리적인 이기주의로 마무리되며, 온난화에 관한 많은 책이 여기서 끝난다. 지구는 오래되었고, 많은 기후 변화를 겪어 왔다. 먼 과거의 기후 변동은 미래 예측을 평가하는 장을 제공한다. 지구 온난화는 정말로 큰 사건일까, 아니면 늘 그렇듯 자연스러운 것일까?

첫 세기는 인상적인 시작일 테지만 지구 온난화의 기후 영향은 수십만 년 동안 지속될 것이다. 물론 먼 미래를 예측하는 것은 까다롭다. 예를 들어 인간 사회의 머나먼 미래를 누구도 자신 있게 전망하지 못할 것이다. 그러나 대기로 방출되는 이산화탄소가 탄소 순환과 미래의 기후 진화에 장기적인 영향을 미치리라는 사실은 분명하다. 과거의 사건을 살펴보았기에 알 수 있는 것이다.

이어지는 2부에서는 기후 변화의 지질학적 역사를 탐구하고, 3부에서는 먼 미래를 들여다볼 토대를 마련하도록 하겠다.

2부

과거

4장

과거의 기후를 알아야 하는 이유

지구 온난화 예측의 규모를 다루는 방법 중 하나는 과거의 자연적 기후 변화와 비교하는 것이다. 기후는 자연적으로 변하며, 몇몇 이유로 인해 시간 규모가 달라진다. 이 장에서는 천 년이란 기간의 자연적 기후 변화를 다룰 것이다. 이어서 다음 2개의 장에서 더 긴 기간의 기후 변화를 생각해 볼 것이며, 6장에서 수백만 년에 이르게 될 것이다. 7장에서는 과거와 미래의 기후 변화 비교를 위해 모든 자료를 되짚어 보겠다.

첫 번째 기상 관측 네트워크는 1653년 북부 이탈리아에 설립되었다. 1800년대 중반에 전체 거주지를 대상으로 기온을 포함한 기상 관측이 기록되었다. 지구 평균 기온에 대한 초창기의 신뢰할 만한 기록은 약 1860년으로 거슬러 올라간다.

이보다 이전의 기후 변화는 과거 기후의 '대용 자료' 조각들을 맞춰서 추정한다. 과거 기후를 밝히는 데 사용된 첫 번째 대용 자료는 호수 퇴적물에 보존된 꽃가루 입자였다. 예를 들어 소나무 숲은 단풍나무 숲보다 서늘한 기후를 선호하므로, 소나무 꽃가루는 곧 한랭한 환경을 의미한다. 또한 꽃가루 화석에는 가뭄도 기록되어 있다.

꽃가루 기록을 통해 약 1만 1천 년 전 마지막 빙하기가 끝날 즈음에 날씨가 갑자기 따뜻해지다가 곧이어 영거 드라이아스Younger Dryas라는 천 년 동안의 일시적 한파가 찾아왔음을 알 수 있었다. 극심한 빙하기의 재현이라 할 만한 영거 드라이아스는 시작과 동시에 빠르게 종료되었고 대부분의 기온 변화는 불과 몇 년 안에 나타났다. 영거 드라이아스라는 이름은 담자리꽃나무*Dryas octopetala*로 불리는 한랭 기후에 사는 꽃나무에서 유래했다. 이와 비슷한 꽃가루가 가장 오래된 드라이아스Oldest Dryas라는 마지막 빙하 기후의 기록에서도 발견되었다.

과거 기온 변화를 추정하는 또 다른 초창기 기법은 해양 퇴적물 속 탄산칼슘[$CaCO_3$]의 산소 원자에 대한 분석에 기초한다. 산소와 같은 원소에는 동위원소라고 하는 다른 질량을 갖는 원소가 존재한다. 이들은 모두 화학적으로는 산소처럼 행동하지만, 중성자로 불리는 입자의 수가 다르기 때문에 질량이 서로 다르다. 기후과학자들은 산소의 동위원소비를 측정하여 과거 기온과 기후 다양성의 정보를 얻고 있다.

빙상과 빙하 역시 과거 기후의 흔적을 보존하고 있다. 빙하를 시추하여 얻은 빙하 코어에는 수십만 년 전에 얼음에 녹아 들어갔거나 공기 방울에 갇힌 과거 대기의 실제 시료들이 포함되어 있다. 이 시료들로부터 과거의 이산화탄소, 메테인, 다른 온실 기체의 농도를 구할 수 있다. 나도 해양학자로서 비교 연구할 수 있는 과거 바닷물의 시료를 줄 수 있으면 좋으련만!

산소와 수소의 동위원소 함량은 빙상의 과거 온도를 말해 준다. 남극대륙의 빙하 코어를 조사해서 파악할 수 있듯, 온도와 대기 중 이산화탄소 농도는 빙하 주기를 통해 서로 연관된다(5장 참조). 빙하 코어 속 먼지의 양은 강우와 풍속의 변화를 알려 준다. 가장 긴(오래된) 빙하 코어는 그린란드와 남극대륙에서 채취되지만, 열대지방의 산악 빙하에도 오래된 얼음이 존재한다.

나무의 나이테에는 과거 기온이 매우 자세히 기록되어 있다. 나무는 기온이 높을 때 더 잘 자라며 더 두꺼운 나이테를 형성한다. 또한 나이테의 폭은 물의 공급량, 토양 상태, 사슴 방목, 기생 곤충의 침입, 다른 나무의 그늘 등에 따라 달라진다. 이런 개별 특이성은 통계적 방법을 사용하여 미가공 데이터에서 걸러내야 한다. 이 방법은 해당 기간 존재한 나무의 나이테에서 온도 기록을 추출하기 위해 보정된다. 같은 방식으로 더 오래된 데이터로부터 선사 시대 기온을 추정할 수 있다.

곤혹스럽게도 나이테는 지난 수십 년 동안의 온난화를 보여 주지 않는다. 아마도 유례없는 높은 이산화탄소 농도나 산성비의 질소 성분으로 나무들이 무성해졌기 때문일 것이다. 하지만 나이테는 1970년 이전의 기온 측정값과 연관성이 좋으며 지난 천 년 동안의 다른 기후 대용 자료와도 일치한다.

산악 빙하는 다른 종류의 기후 기록을 남긴다. 빙하는 녹을 때까지 산 아래로 흐르고, 추운 기후에서는 더 멀리까지 흘러내린다. 또한 빙하는 지표 위에 빙퇴석으로 불리는 지형적인 흔적을 남긴다. 빙하에 의해 운반되다가 빙하가 녹으면서 그 자리에 남겨진 암석 더미다. 전 세계 산악 빙하의 대부분은 근세 소빙기라고 알려진 기후 한랭기가 끝나고 수백 년 동안 녹아 왔다. 하지만 근래의 온난화에 응답하여 지난 수십 년간 빠르게 녹고 있다.

과거의 온도는 빙하나 바위를 시추하고 온도를 측정함으로써 재구성할 수 있다. 어떤 지점에서 과거의 표면 온도 변화는 깊이에 따른 시추공의 온도 변화로 진단할 수 있다. 소위 '시추공 온도borehole temperatures'로 불린다. 시추공 온도에는 엘니뇨 현상과 같은 빠른 기후 현상에 대한 정보는 많지 않으나, 근세 소빙기와 같은 느리고 긴 시간에 걸친 변화는 읽어 낼 수 있다.

솔직히 말해서, 과거의 기후 변화를 재구성하는 방법 중 어떤 것도 실제 온도계로 측정하는 것만큼 좋지는 않다. 그러나 독립적인 추정값들이 종합되고 합의될 때 매우 강력한 최종 결과를 만들어 낸다. 이러한 다양한 방법을 생각할 때마다 나는 인간의 독창성에 감탄한다. 또한 통제된 조사는 과학의 창조적이고 경쟁적인 분위기만큼 혁신적이지 않다고 생각한다.

유럽, 그리고 아마 전 세계는 몇 세기 전에 현재보다 시원했을 것이다. 근세 소빙기는 대략 서기 1300년부터 1800년까지 이어졌다. 특히 한랭했던 유럽은 1950년에 정의된 '자연적' 기후보다 최소 1℃(평균) 더 추웠다. 근세 소빙기 기후는 변덕스러웠고 끔찍했으며 무척 다양했다. 수십 년간의 추위 다음에 수십 년간 가뭄이나 온난화 또는 극심한 비가 이어졌다.

유럽과 중국의 태양 천문학자들은 이 시기에 태양 흑점이 줄었다고 보고했다. 심지어 흑점이 전혀 보이지 않는 마운더 극소기가 수십 년간 지속되었다. 최근 수십 년간 태양 강도는 태양 흑점 수와 연관되어 변해 왔다(2장 참고). 마운더 극소기와 같은 흑점이 없는 시기에는 태양 강도에 대한 좋은 측정값이 없으므로 태양이 얼마나 밝았는지 짐작하기 어렵다. 3장에서 설명한 대로, 우주선(외계에서 지구로 들어오는 광선)으로 생성된 베릴륨-10과 탄소-14와 같은 방사성 원소에는 과거의 태양 밝기에 관한 정보가 담겨 있다. 이를 통해 근세 소빙기 때의 서늘한 기후를 태양 에너지의 감소로 설명할 수 있다.

이 시기 이전은 서기 800년부터 1300년까지 이어진 중세 온난기이며 전반적으로 온난했다. 적어도 유럽은 오늘날처럼 근세 소빙기 때보다 따뜻했을 것이다. 이 시기는 안정된 기후로 풍성한 수확물을 거둔 유럽의 봉건 시대이자, 자비로운 신에 대한 찬양과 감사를 위해 세워진 고딕 성당의 시대였다. 바이킹 또한 중세 온난기의 산물이다. 바이킹은 중세 온난기와 같은 기간인 서기 800년부터 1300년 사이에 활동했다. 근세 소빙기가 시작되고서 바이킹의 노르웨이와 그린란드 점령은 끝을 맺는다.

중세 온난기 동안 북아메리카의 많은 지역에서는 가뭄이 이어졌다. 현재 캘리포니아주 모노 호수에 있는, 200년 된 나무는 그때 호수 바닥이 물에 잠기지 않을 만큼 건조했음을 알려 준다. 당시 이 지역은 1930년대 미국 중서부 대평원의 극심한 가뭄보다 훨씬 더 건조했다. 중앙아메리카에 존재한 고대 마야 문명이나 북아메리카 남서부에 존재한 아나사지 문화가 사라진 시기도 해양 퇴적물과 나이테에 기록된 다년간의 가뭄과 일치했다.

"현재가 지난 천 년보다 따뜻한가, 또는 중세 시대에는 따뜻했는가?"라는 질문에 대해 언론은 물론 미국 의회에서도 상당한 논란이 있었다. 과학적으로는 흥미로운 질문이지만 지구 온난화를 평가하는 것과는 무관하다. 만약 서기 1000년이 서기 2000년만큼 따뜻했다면, 현재의 온난함이 지구 온난화의 징후가 아니라 자연스러운 것이라고 주장할 수 있다. 그러나 태양에 관한 대용 자료 기록에 따르면 중세 온난기의 원인은 더 따뜻했던 태양 때문으로 보인다. 지금은 태양이 1970년 이래로 따뜻해지지 않고 있다. 지난 수십 년 동안의 온난화는 온실 기체의 농도가 상승한 결과로만 설명할 수 있다.

누군가는 중세 기후는 자비로웠다고 주장할 수도 있다. 그렇다면 온난화는 좋은 것이다. 오늘날 세계는 1950년에 인간이 정의한 '자연적' 기후보다 약 0.7℃ 더 따뜻하며, 아마도 중세 기후는 1950년 전보다 0.5℃ 더 따뜻했을 것이다. 5~6배 더 따뜻한 2100년의 3℃ 온난화 전망과 혼동해서는 안 된다. 유인 상술에 주의하자! 중세 기후는 현재 기후와 마찬가지로 대개 온화했다. 그러나 2100년에 대한 전망은 이와는 완전히 다르다.

기후의 1,500년 주기에는 힌트가 숨어 있다. 자세한 힌트는 다음 장에서 빙하 기후를 다루며 설명하겠지만, 현재의 간빙기 이후 몇몇 기후 기록에서도 힌트를 찾아볼 수 있다. 중세 온난기와 근세 소빙기가 그런 주기의 일부였다면 어떨까?

아래에 기술된 단스가드-외슈거Dansgaard–Oeschger 사건으로 불리는 빙하기 내 기후 변화는 약 1,470년의 정확한 리듬에 따라 주기적으로 강하게 발생했다. 현재의 간빙기에서 몇몇 기후 기록은 1,500년 주기를 갖는 것으로 보이지만, 이는 모두 북대서양의 특정 지역에서 나타난 것으로 다른 곳에서는 찾아볼 수 없다. 중세 온난기는 유럽에서 실제로 일어난 기후 변화였지만 분명히 전 세계적인 현상은 아니었다. 유럽 이외의 지역은 다른 양상의 변화가 진행되었다.

중세 온난기와 근세 소빙기의 기후가 과학자들이 아직 파악하지 못한 믿을 만한 주기의 일부라고 해 보자. 그렇다면 근세 소빙기가 따뜻한 주기로 전환되면서 다음 세기에 자연적으로 기온이 상승했다고 기대해 봄직하다. 1,500년 주기의 존재가 지구 온난화의 예측을 틀리게 하지 않을 것이다. 2장에서 설명했듯이, 지난 수십 년 동안의 온난화는 여전히 이산화탄소 증가로 잘 설명되며 미래는 이산화탄소의 지속적인 증가로 더 따뜻할 것이다. 오히려 1,500년 주기가 예측을 더 어렵게 만들 가능성이 있다.

지난 1만 년 동안 가장 큰 기후 변화는 8,200년 전에 일어난 소위 8.2k 사건이다(그림 6). 당시 태양 주위를 공전하는 지구의 궤도 형태로 인해 지구는 전반적으로 오늘날보다 조금 따뜻했다(5장 참조).

꽃가루 기록은 갑작스러운 한랭과 수백 년간 지속된 가뭄의 전 지구적인 추세를 알려 준다. 모든 해양은 대기의 바람으로 인한 표층수의 풍성 순환을 통해 저위도의 열을 고위도로 운반한다. 특히 대서양은 역전 순환(심층 순환)을 통해 표층수가 열을 북쪽으로 운반한 뒤 냉각되어 심해로 침강한다. 다른 해양들은 적도를 가로질러 열을 운반하지 않지만, 대서양은 심해에서 일어나는 역전 순환으로 열을 운반한다.

8.2k 사건은 대서양의 순환이 붕괴된 결과였다. 로렌타이드 빙상이 녹으면서 현재 오대호보다 더 큰 애거시Agassiz 호수를 채웠고, 애거시 호수의 한쪽은 빙상이 마치 둑처럼 막고 있었다. 그런데 둑이

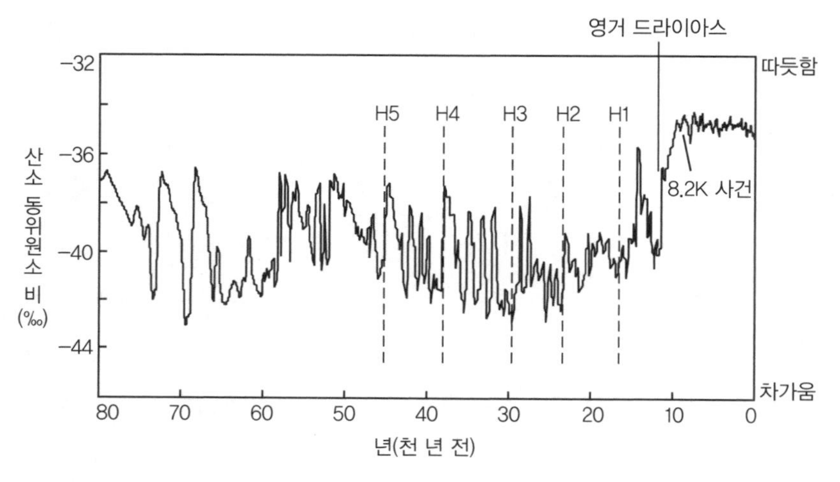

그림 6. GRISP II 빙하 코어에 기록된 그린란드의 기온. H1에서 H5까지의 점선은 하인리히 사건을 가리킨다.

뚫리자 물은 빠르게 북대서양으로 흘러들었다. 빙하가 녹은 담수는 염수인 바닷물 위에 떠서 해수의 역전 순환을 막는 장벽을 형성했다. 담수가 북대서양의 해류 순환을 소멸시킨다는 사실은 아래의 하인리히 사건과 영거 드라이아스에서 다시 짚고 넘어갈 것이다.

지난 1만 년은 기후학적으로는 별로 흥미롭지 않았다. 이 시기는 그리스어로 전체를 뜻하는 'holo'와 최근을 뜻하는 'cene'에서 유래된 홀로세holocene로 알려져 있다. 근세 소빙기, 중세 온난기, 8.2k 사건은 모두 홀로세에 나타났지만 이전의 기후 변화에 비해 대수롭지 않았다.

빙하 시대와 비교하자면 홀로세는 맑은 날 공원에서의 소풍과 같았다. 문명과 농업은 이러한 안정된 기후에서 발전했다. 세계적 인류학자인 브라이언 페이건Brian Fagan은 저서 《기후, 문명의 지도를 바꾸다The Long Summer》에서 홀로세의 도래가 인류 문명에 미친 영향을 다루었다.

일부 고기후학자는 홀로세가 이미 끝났으며, 인류세anthropocene ('anthropo'는 그리스어로 인간이라는 뜻)라는 새로운 지질 시대로 대체되었다고 간주한다. 과거의 지질 시대는 일반적으로 대규모 기후 변화나 생물학적 멸종으로 구분되었다. 홀로세에서 인류세로의 변화는 지구 진화에서 인류가 강력한 영향력이 되었다는 선언인 셈이다.

좀 더 먼 과거를 돌아보면 다음 장의 주제인 빙하 기후 주기와 맞닥뜨리게 된다. 마지막 빙하기는 약 2만 1천 년 전에 정점이었으며, 오늘날의 그린란드와 남극대륙처럼 북아메리카와 유럽의 넓은 지역이 빙상으로 뒤덮였다. 오늘날 지구는 간빙기에 있다.

8.2k 사건 전에는 마지막 빙하기의 끝자락에서 발생했다고 여겨지는, 영거 드라이아스로 불리는 사건이 있었다. 빙하 주기는 태양 주위를 도는 지구의 궤도 변화로 만들어지며, 다음 장에서 소개하는 것처럼 수만 년의 주기를 갖는다. 그러나 일부 빙하 주기와 관련된 기후 전환은 궤도 강제력보다 훨씬 빠른 천 년 또는 그보다 짧은 시기에 일어난다. 따라서 이 장에서 알아보려 한다.

2만 1천 년 전, 지구는 가장 추운 빙하 기후인 마지막 최대 빙하기last glacial maximum였다. 해수면은 오늘날보다 120m 낮았고, 지구 평균 기온도 약 5~6℃ 낮았다. 남극 빙하에 남은 기록에 따르면 온난화는 남반구에서 1만 8천 년 전에 시작되었다. 그린란드는 마지막 최대 빙하기가 갑자기 물러난 1만 4천 년 전까지는 추웠다. 그린란드에서 발생한, 빙하기에서 간빙기로의 온도 변화는 절반 이상이 고작 몇 년 사이에 이루어졌다. 이러한 기후 변화는 대서양 자오면 순환 또는 대서양 자오면 역전 순환atlantic meridional overturning circulation과 관련된다. 이후 간빙기라 할 수 있는 따뜻한 기후가 뒤따랐고 천여 년간 지속되었다.

이 시점에서 로렌타이드 빙상의 융해로 생성된 담수가 북대서양으로 쏟아져 들어가면서 영거 드라이아스를 촉발했다. 그리고 8.2k 사건과 비슷하게, 냉각을 일으키는 대서양 자오면 순환이 정체되었다. 영거 드라이아스의 혹독함에 비하면 8,200년 전 사건, 즉 8.2k 사건은 매우 왜소할 지경이다. 이후 지구에 빙하 기후가 다시 찾아왔고 수천 년 동안 지속되었다. 그 영향은 전 세계적으로 확산되었지만, 북반구 고위도 지역에서 가장 강했다.

브라이언 페이건은 퇴빙(빙하가 차츰 녹는 것—옮긴이)으로 인한 기후 변동이 농업 발전을 자극하고 인류 문화를 집단화했다고 주장한다. 빙하 세계에서 사람들은 지표면의 환경 변화에 편의적으로 적응하고자 소규모 이동 그룹으로 조직되었다. 초기의 온난한 천 년 동안 인류 사회는 땅 위에서 저장 가능한 도토리와 같은 작물을 주워 가며 성장하고 유지되었다. 천 년의 온난한 기간이 끝나고 영거 드라이아스가 시작되었을 때 인류는 땅에 너무 종속되어 있어서 이동하기 어려웠다. 그래서 그들은 땅을 경작하는 법을 배웠다.

마지막 빙하기 초기로 거슬러 올라가면, 지구 기후는 천 년과 그 이하의 기간에 훨씬 더 불안정했다. 그린란드 빙상의 빙하 코어가 명백한 증거다. 그린란드의 기온은 단스가드-외슈거 사건이라는 크고 빠른 주기적 진동을 겪었다. 마지막 빙하기 동안 25회의 단스가드-

외슈거 사건이 있었다. 이 사건은 대체로 8.2k 사건보다 크고, 영거 드라이아스보다는 작다.

단스가드-외슈거 사건은 약 1,500년 간격으로 주기가 반복된다. 실제로 그린란드 빙하 코어 중 하나를 연대 측정했더니, 1,470년 주기에서 오차 범위는 단 몇 퍼센트였다. 이러한 시계태엽 같은 규칙성이 어디서 오는지는 아무도 알지 못한다. 단스가드-외슈거 사건의 주기는 점진적인 냉각이 갑작스런 온난화로 종료되는 식으로 진행된다.

단스가드-외슈거 사건의 주기는 하인리히 사건으로 불리는 로렌타이드 빙상의 주기적인 융해와 상호 작용한다. 하인리히 사건(그림 6)은 북대서양의 퇴적물에서 발견된 암석과 자갈층으로 정의된다. 자갈은 로렌타이드 빙상이 허드슨 해협으로 흘러 들어가는 지역에서 왔다. 대서양 한가운데로 자갈을 옮기려면 얼음 안에 자갈을 넣어 띄우는 방법밖에 없다. 이러한 방식으로 하인리히 사건은 수백 년 동안 진행되었다.

단스가드-외슈거 사건은 주기가 진행되면서 추위가 점점 혹독해지는 본드 주기Bond cycle라는 묶음으로 나뉜다. 본드 주기의 끝에 하인리히 사건이 있다. 하인리히 사건들은 본드 주기 내에서 가장 추웠던 단스가드-외슈거 사건의 중간에서 발견되고, 가장 따뜻한 주기가 뒤따랐다. 전체적인 본드 주기는 하인리히 사건에서 다른 하인리히 사건까지이며 8천~1만 년이 걸린다.

하인리히 사건은 로렌타이드 빙상이 바다로 급작스럽게 붕괴한 사실을 의미한다. 해수면은 한 세기 또는 여러 세기에 걸쳐 5m 상승했다. 하인리히 사건의 메커니즘에는 여전히 모르는 부분이 많다. 따라서 그린란드 빙상이 장래에 하인리히 사건을 일으킬지 예측하기는 어렵다(11장 참조).

이러한 갑작스러운 기후 변화가 중단된 원인을 두고 많은 과학자가 필생의 연구 주제로 삼았다. 1990년대 후반 몇 년간은 저명한 저널의 모든 기후 관련 논문의 제목에 '갑작스러운abrupt'이란 용어가 사용되었다.

이러한 기후 급변이 어떻게 일어났는지 여전히 알 수 없지만, 북대서양의 역전 순환과 해빙海氷을 포함해야 한다고 본다. 북대서양에 갑자기 담수가 유입되면 북대서양의 역전 순환이 충분히 멈추거나 바뀔 수 있다. 하인리히 사건에서 본 것처럼 해양 순환이 교란되면 기후가 바뀐다. 영거 드라이아스와 8.2k 사건을 포함한 빙하기의 끝자락에서 기온이 변한 바 있다.

바다를 덮은 해빙은 가시광선을 반사하고(얼음-알베도 효과) 해양에서 대기를 격리하여 기후 변화를 증폭한다. 얼음 위의 공기는 노출된 물 위의 공기보다 더 차가워질 수 있다. 해빙은 빙하 세계에 광범위하게 퍼져 있으므로, 왜 빙하 기후의 급변이 오로지 간빙기의 갑작스러운 변화인 8.2k 사건보다 더 심했는지를 설명해 준다.

천 년 또는 그보다 짧은 기간의 기후 기록은 기후 상태가 연속된 범위에서 점진적으로 전환되었다기보다는 하나의 상태에서 다른 상태로 갑자기 변한 것으로 보인다. 지구 궤도나 대기 중 이산화탄소 농도의 변화 등, 대부분의 자연적 기후 강제력은 천천히 변한다. 많은 기후 전환은 빠르게 일어나는데, 가령 북반구에서 빙하기로부터 간빙기로의 기온 전환은 불과 수년 안에 일어났다. 하인리히 사건과 들락거리는 단스가드-외슈거 사건의 진동으로 구성된 빙하 기후의 갑작스러운 주기는 눈에 띄는 기후 강제력 없이 발생한 것처럼 보인다.

만약 지구가 얼음과 물이 없고 오직 공기와 땅으로 된 행성이라면 지구 온난화의 먼 미래는 예측하기 훨씬 쉬울 것이다. 1장에서 설명한 대로, 공기와 땅에서 복사에너지의 양이 균형을 이루는 시간이 그리 길지 않기 때문에, 대기는 짧은 순간만 기억할 것이다. 실제로 해양과 빙상은 많은 열을 붙잡고 있어 기후 변화에 응답하는 데 수천 년이 걸린다. 결과적으로 기후 시스템은 해양과 빙상이 이산화탄소 농도 변화 같은 기후 강제력에 대한 응답을 늦춘다고 기억할 것이다.

하지만 해양과 빙상은 기후 시스템상에서 단순히 제동을 걸어 전환을 늦춘다기보다는 좀 더 극적인 역할을 수행한다. 과거의 메시지는 해양과 빙상이 수동적인 등장인물 이상임을 알려 준다. 때때로 해양과 빙상은 지구 기후를 결정하고 바꾸는 데 주연 배우의 역할을 맡는다.

해양은 적도를 가로질러 북쪽 고위도까지 열을 운반한다. 이러한 순환 방식은 몇 년 안에 변할 수 있다. 해빙이 녹아 우주로 나가는 햇빛의 반사율이 바뀌면, 기후가 빠르게 전환된다. 빙상은 해빙보다 더 천천히 응답하지만, 하인리히 사건에서도 알 수 있듯이 그것만으로도 수백 년 안에 기후가 바뀔 수 있다.

다음 세기에 대한 기후 변화 예측은 과거의 기후 기록보다 상당히 당혹스러울 만큼 대조적이다. 이산화탄소 농도 증가로 인한 기후 강제력의 변화에 기후가 점진적으로 응답하여, 오늘날의 0.5℃ 온난화에서 2100년의 약 3℃ 온난화로 완만한 기온 상승이 예측된다. 그러므로 IPCC 예측은 어떠한 불운한 이변을 포함하지 않는 최선의 시나리오인 셈이다.

5장

빙하 주기의 발견으로 밝혀낸 사실

빙하 주기의 발견은 멋진 추리 작업이었다. 2세기 전의 지구과학자들은 요즘 같은 전문가는 아니었다. 그들은 대학의 '출판하든지 아니면 도태되든지' 법칙이나 연구비 경쟁과는 거리가 멀었다. 대다수가 지구 역사에 관심을 가진 특권층이거나 괴팍하고 헌신적인 아마추어였다.

하나의 예를 들어 보자. 스위스의 산에는 수백 킬로미터 떨어진 곳의 기반암에서 부서져 나온 커다란 외래종 암석들이 흩어져 있다. 어떻게 자연에서 그렇게 많은 커다란 암석이 먼 거리를 이동할 수 있었을까?

당연하게 여겨지던 가설 중 하나는 성경에 묘사된 엄청난 홍수 때문이라는 것이다. 실제로 암석들이 엄청난 홍수 속에서 운반되는 것을 상상해 보면, 특히 암석이 거대할수록 쉽지 않다는 걸 알 수 있다. 급류로 운반된다면 암석들은 구르면서 모두 둥글어지고, 크기별로 잘 나뉘어 층으로 쌓일 것이다. 논란의 스위스 암석들은 각지고 표면이 거칠며 확실히 둥글지 않다.

스위스 산의 암석에는 또 다른 독특한 특징이 있다. 이 암석들의 납작한 표면에서는 길고 곧으며 평행하게 긁힌 자국과, 때로 매끄럽게 갈린 평행한 홈이 발견된다. 산악 빙하는 천천히 흘러가면서 얼음과 암석이 서로 부딪혀 이렇듯 눈에 띄는 흔적을 남긴다.

대서양 양쪽의 지질학자들은 각각의 대륙이 오늘날의 그린란드와 남극대륙처럼 여러 차례 빙상으로 덮여 있었다는 사실에 동의했다. 그린란드 내륙과 남극대륙은 매우 험하고, 지구의 육지 중에서 사람이 거주할 수 없는 몇 안 되는 지역이다. 1800년대 지질학자들은 암석을 조사하여 그들이 사랑하는 지형에 비슷한 일이 반복적으로 일어났음을 깨달았다. 지구가 또다시 얼어붙을지는 분명하지 않았지만, 그런 순간이 올 수도 있다는 불길한 예감은 들었을 것이다.

로렌타이드 빙상의 빙퇴석은 뚜렷한 지형을 이룬다. 북아메리카의 지도에서 오대호를 살펴보면 쉽게 알 수 있다. 오대호는 쉽게 비유하자면 거대한 고대 빙상의 조각이며, 호수 주변에는 빙상이 녹을 때 빙상 가장자리에 있던 돌 더미가 산마루를 이루었다. 인디애나주 남부의 빙퇴석에서 자전거를 탈 때와 시카고의 매끄러운 평지에서 자전거를 탈 때의 느낌은 매우 다르다.

빙퇴석의 경계를 추적하면 빙하 세계의 지도를 알맞게 그려 낼 수 있다. 그러나 빙퇴석에는 시간별 빙상의 전진과 후퇴에 대한 대략적인 기록만 남아 있다. 즉 빙상이 얼마큼 멀리 확장되었는지 그 범위는 알 수 있지만, 그에 앞서 소규모 빙상이 남긴 흔적은 알 수 없다.

최근의 가장 큰 빙상은 이전의 다른 빙상들이 남긴 빙퇴석들을 모두 쓸어버린다.

빙퇴석은 연대를 결정하기도 쉽지 않다. 1950년대에 방사성 탄소 연대 측정법이 개발되기 전에는 빙퇴석이 얼마나 오래되었는지 전혀 알 수 없었다. 그 이후 탄소-14(^{14}C)를 이용하여 약간의 나무 잔가지나 이끼의 나이를 측정할 수 있게 되었지만, 그것들이 빙퇴석 형성 시기에 자랐는지, 아니면 바위 아래 묻히기 오래전에 죽었는지는 판단하기 어려웠다.

빙상의 오래된 얼음 시료와 해양 퇴적물 속의 탄산칼슘으로부터 빙상의 발달과 쇠퇴 시기에 대한 유용한 정보를 얻을 수 있다. 4장에서 살펴본 대로, 얼음과 탄산칼슘은 둘 다 산소 동위원소의 상대적 함량에 대한 정보를 담고 있다.

바닷속 산소 동위원소들을 통해 빙하얼음이 된 물의 양을 파악할 수 있다. 무게가 다른 산소 동위원소들이 빙상이 자라는 과정에서 일부 분리되기 때문이다. 바다에서 물이 증발할 때, 가벼운 물 분자는 무거운 물 분자보다 약간 더 빠르게 증발한다. 따라서 대기 중 수증기는 증발되기 전 액체 상태의 물보다 동위원소적으로 더 가볍다. 수증기가 비나 눈이 되기 위해 응결할 때 무거운 분자일수록 먼저 그리고 더 많이 응결한다. 그리고 대기에 남겨진 수증기는 훨씬 더 가벼워진다. 대기는 바다에서 더 가벼운 산소 동위원소를 증류한 다음 빙상 위에 퇴적시키는 거대한 증류기와 같다. 고위도의 기후가 특히 추울 때, 대기 중 수증기가 가장 강하게 증류된다.

빙상은 바닷물에서 물이 얼면서 성장한다. 그러면 빙상에는 가벼운 동위원소가 많아지고, 바다에는 무거운 동위원소가 많아진다. 민물에서 수영할 때와 소금물에서 수영할 때 부력 차이를 느끼는 것과 일맥상통한다. 극지방의 바다에서는 그런 식으로 무거운 물을 알아채기 어렵지만, 실험실에서는 그 차이를 쉽게 측정할 수 있다.

바다의 산소 동위원소 조성은 바다에서 형성되는 탄산칼슘 시료에 기록되어 있다. 심지어 빙하와 가장 멀리 떨어진 열대지방에서도 자라나는 조개껍데기의 탄산칼슘에 세상 다른 쪽 끝의 빙상이 얼마나 큰지에 대한 정보가 담겨 있다. 탄산칼슘 껍질들은 바다의 바닥에 정착하여 꾸준히 기록을 남긴다. 마치 테이프 레코더처럼 편리하게 이전 정보 위에 새로운 정보를 기록한다. 빙퇴석과 같은 육지에 남겨진 단서들보다 퇴적물로부터 거대한 빙상의 성장과 쇠퇴에 대한 훨씬 자세한 역사를 들을 수 있다.

빙상의 진화, 즉 시간에 따른 성장과 붕괴는 태양 주위를 공전하는 지구 궤도의 변화와 보조를 맞추는 듯 보인다. 궤도 변화로 장소와 계절에 따라 태양열이 재분배된다. 지구가 1년 동안 받는 태양 에너지의 총량은 별로 다르지 않지만, 에너지의 분포는 크게 달라진다. 태양 에너지는 적도를 가로지르면서 뒤바뀌므로 북반구가 여름에 많은 열을 받을 때 남반구의 여름은 시원하다.

북반구는 빙상의 부피 변화가 가장 크게 일어나는 지역이다. 대표적으로 북아메리카에는 로렌타이드 빙상이, 유럽에는 페노스칸디아 빙상이 있다. 이들 빙상은 추운 시기에 형성되며 오늘날과 같이 따뜻하면 완전히 녹는다. 남극대륙의 빙상은 오늘날은 물론 빙하기에도 바다 쪽으로 흘렀으며, 빙하 주기에 따라 크기가 별로 달라지지 않았다. 그린란드 또한 빙상이 육지의 대부분을 덮고 있으며 오늘날이나 마지막 빙하기에도 시간에 따른 변화는 거의 없었다. 다만 12만 년 전인 마지막 간빙기 동안 빙상이 더 작았다는 증거는 있다. 북아메리카의 빙상은 현재의 남극대륙보다 컸으며 오늘날처럼 따뜻한 시기에 완전히 녹았다.

지구의 시공간에서 북반구의 여름은 기후를 조종하는 일종의 중심점이다. 북반구에서 햇빛 강도의 변화는 불시에 지구를 강타하여, 지구 전체를 빙하기의 동결 상태에 빠지게 한다. 여름이 중요한 이유는 뉴펀들랜드주의 겨울은 항상 추워 눈이 내리기 때문이다. 빙상의 운명은 겨울에 내린 눈이 여름에 녹느냐 그렇지 않느냐에 달려 있다. 문제의 빙상이 북반구에 있기 때문에, 특히 북반구 여름철의 햇빛 강도에 주목해야 한다.

지구 궤도는 3단 화음의 다양한 진동수로 울리는 종과 같다. 낮은 화음은 40만 년 주기에 10만 년 주기를 겹쳐 놓은 2개의 음표와 같다. 이 화음은 지구 궤도의 이심률(타원이나 포물선 등이 원에서 벗어난 정도를 나타내는 값—옮긴이)의 변화에서 발생한다. 지구 궤도는 때로는 원형을 띤다. 오늘날 지구 궤도는 원에 가장 가까우며, 이런 상태가 가장 마지막으로 나타난 시기는 약 40만 년 전이다(그림 7).

높은 화음은 세차운동이라고 불리는 현상이다. 남극과 북극을 연결하는 선인 지구의 자전축은 태양 주위를 도는 지구의 공전 궤도면에 대해 기울어져 있다. 기울어지는 방향은 항상 같지 않은데, 약 2만 년 주기로 자전축의 윗부분이 원을 그리며 회전한다.

지구의 공전 궤도가 타원을 그릴 때, 지구가 태양과 가장 가까워지는 위치(근일점)와 가장 멀어지는 위치(원일점)가 생긴다. 북반구가 여

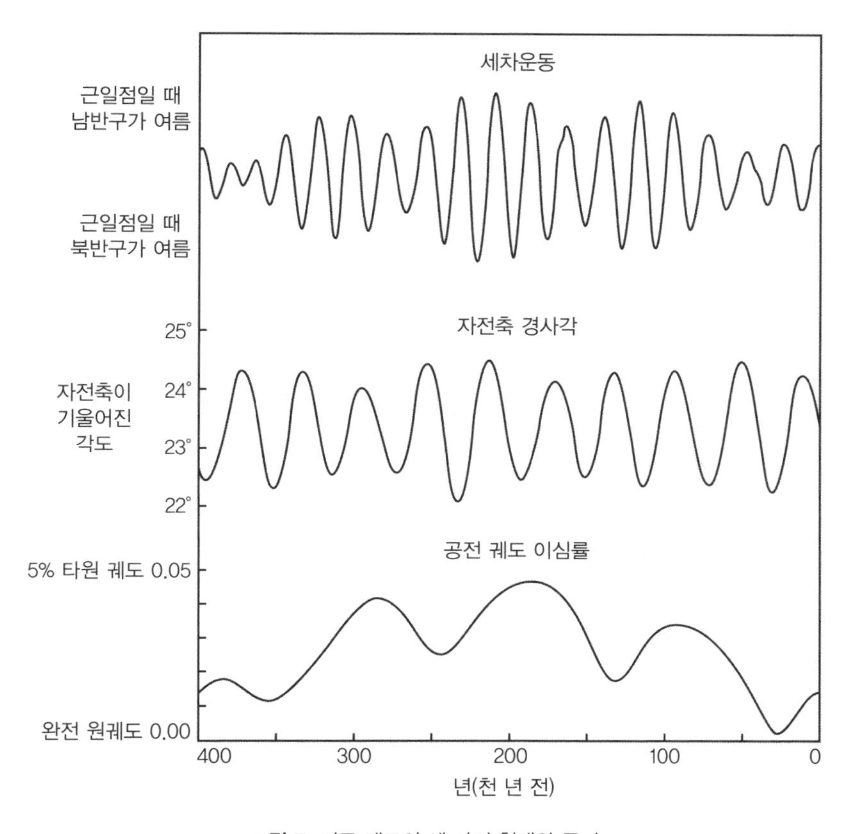

그림 7. 지구 궤도의 세 가지 형태와 주기

름일 때 지구 자전축의 경사는 태양을 향해 기울어져 있다. 세차운동의 영향은 지구가 근일점에 있을 때 북반구가 여름이냐, 원일점에 있을 때 여름이냐에 따라 달라진다. 근일점 여름에서 약 1만 년 후에 원일점 여름이 된다. 현재 지구는 북반구의 여름이 원일점 위치에 있다.

중간 화음은 황도 경사라고 불리는 지구 자전축의 경사각에 기인한다. 때때로 자전축이 지구 공전 궤도면에 대해 좀 더 기울어진다. 경사각은 대략 22~25도 사이로 차이는 작은 편이다. 자전축이 더 기울어질수록 계절은 더 강해진다. 지구의 황도 경사는 약 4만 년 주기로 변하며, 오늘날 지구 자전축의 경사는 약 23.5도다.

약 200만 년 전에 시작된 현재 빙하기의 초기에는 북반구 여름의 태양 강도로 정의되는 궤도 강제력과 지구 빙하의 양 사이에 꽤 뚜렷한 유사성이 있었다. 기후 시스템은 공전 궤도의 이심률, 자전축의 기울기, 세차운동에서 나오는 음표를 연주하는 고음질의 레코드플레이어였으며, 상대적 음량은 궤도 강제력으로 조절되었다.

약 80만 년 전부터 그 레코드플레이어가 궤도 음악을 왜곡하기 시작했다. 마치 누군가가 앰프에서 저음을 크게 키운 듯했다. 빙하의 성장과 쇠퇴는 10만 년의 진동에 좌우되었다. 이러한 10만 년의 주기는 지구 공전 궤도의 이심률로 발생하거나 유지되지만, 만약 그렇다면 10만 년이라는 강제력의 세기에 걸맞지 않게 과장되어 있다. 이심률이 연주하는 40만 년 주기의 음표 또한 흔적이 없다.

10만 년 주기의 성장 원인은 아직 해결되지 않았지만, 12장에서 다시 나올 하나의 이론은 빙상 주기에서의 변동을 눈여겨봐야 한다는 것이다. 일단 빙하가 형성되고 커지기 시작하면, 빙하는 녹기 쉬운 상태가 되는 특정 크기에 도달할 때까지 계속 자라난다. 녹기 시작하면 걷잡을 수 없이 빠르다. 만약 빙상이 이러한 주기를 선호한다면, 지구의 가까운 과거를 10만 년 주기로 설명하는 데 도움이 될 수도 있다. 빙상의 격변적인 융해에 대한 아이디어가 미래에도 관련이 있을지 모른다(12, 13장 참조).

빙하 코어에 포획된 옛날의 공기 방울인 기포는 궤도와 빙상에 관

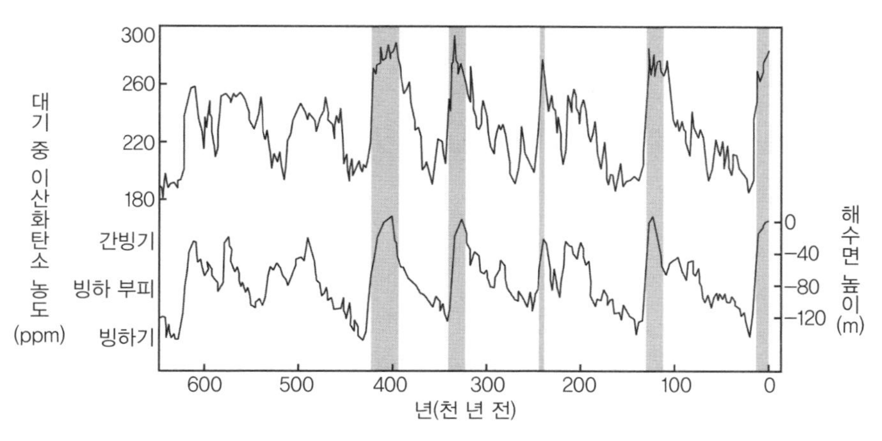

그림 8. 지난 65만 년 동안 대기 중 이산화탄소 농도(ppm)와 해수면 높이(m)의 변화. 회색 띠는 간빙기를 가리킨다.

한 음모론의 약점을 밝혀낸다. 기포를 분석하면 이산화탄소와 다른 온실 기체들의 농도를 알아낼 수 있다. 최근 발간된 가장 오래된 빙하 코어의 기록은 80만 년 전까지 거슬러 올라간다. 기포는 대기 중 이산화탄소가 빙하기 주기를 통해 오르락내리락했음을 보여 준다(그림 8).

이산화탄소와 남극대륙의 온도 사이에는 정말로 놀라운 유사성이 있었다. 자연에서는 그리 확실한 경우가 드물다. 나는 신문기사를 통해 넘쳐나는 의학 데이터의 아주 작은 관련성만으로도 걱정이 많은 수백만 명의 식단을 충분히 바꿔 놓을 수 있음을 알게 되었다. 달걀이 올해 당신에게 이로울까, 아니면 해로울까? 나는 기억조차 하지 못할 것이다. 트랜스 지방에는 정말로 독성이 있을까, 아니면 다른 나쁜 지방과 같을까? 심지어 의학계에서 표준으로 여겨지는 흡연과 암의 연관성조차 이산화탄소와 남극대륙의 온도 상관관계만큼 잘

들어맞지 않는다. 때때로 비흡연자가 폐암으로 사망하고 흡연자가 노환으로 사망한다. 혼란스러운 자연 세계에서 이산화탄소와 남극 대륙의 기온처럼 아주 명료한 징후를 찾는 것은 매우 드물지 않을까 싶다.

이산화탄소 농도가 빙하 주기에 따라 왜 그리고 어떻게 달라지는지는 아직 밝혀지지 않았다. 빙하기 동안 해양의 온도 변화와 같이 이산화탄소 부분 감소의 원인으로 추정되는 요인들이 있지만, 빙하 세계에서 육상식물의 고사(말라죽음)처럼 이산화탄소를 증가시키는 다른 요인들도 있다. 이미 알려진 사실이지만, 탄소 순환 모델은 일반적으로 빙하기와 간빙기 기후 사이의 대기 중 이산화탄소의 전체 변화를 예측하기에는 부족하다.

궤도 변화는 빙상이 커지도록 하거나 녹게 만들면서 기후를 바꾸고, 이산화탄소 또한 온실 효과로 기후를 바꾼다. 궤도 변화와 이산화탄소 둘 다 빙하기의 추운 온도를 설명하는 데 중요하다. 그렇다면 무엇이 우선일까?

전반적인 기후 주기는 궤도 변화를 따른다. 따라서 궤도 변화와 빙상이 빙하기와 간빙기의 기후 주기를 조절하는 주인공이라고 주장할 법하다. 이산화탄소 변화가 빙상의 기후 강제력에 어떻게든 응답하여 궤도 변화의 영향력을 증폭하는 쪽으로 작동한다고 간단히 가정할 수 있다.

여기서 옥에 티는 빙하가 사라지는 확실한 기후 전환에서 빙상이 녹기 전에 이미 이산화탄소가 증가한다는 것이다. 이산화탄소가 먼저 바뀌기 시작하는데 어떻게 나중의 증폭기가 될 수 있을까? 골치 아픈 수수께끼가 아닐 수 없다. 나는 빙상과 이산화탄소가 두 명의 피겨 스케이트 선수가 함께 링크를 빙글빙글 돌며 연기하는 것처럼 원인과 결과의 피드백 회로 안에서 뒤얽혀 있다고 상상해 본다. 다른 것은 차치하고 두 스케이트 선수의 궤적을 물리학적으로 분석하는 것은 매우 혼란스러울 것이다.

과거의 이산화탄소 주기가 암시하는 것 중 하나는 과거를 아주 잘 이해하지 못한다면 8장에서 다룰 더 먼 미래에 대한 예측이 신뢰성을 잃는다는 점이다. 다음 세기의 가까운 기간에 대기 중 이산화탄소의 빙하 주기는 크게 상관없을 수도 있다. 빙하 주기가 이산화탄소를 바꾸는 데 수천 년이 걸렸고, 마지막 빙하기의 끝 무렵에서의 빙하 소멸 같은 큰 변화는 거의 1만 년이 걸렸기 때문이다.

바라건대 그러한 느린 과정이 다음 세기에 매우 강하게 일어나지 않을 것이다. 더욱 긴 기간에서 과거가 정말로 미래에 대한 열쇠라면, 탄소 순환은 과거에 빙상의 기후 강제력을 증폭했듯 지구 온난화를 증폭할 것으로 보인다. 10장에서 이에 대해 다시 다룰 것이다.

6장

지구에 나타난 여러 기후의 특징

이 장에서는 시간 범위를 좀 더 넓혀서 다뤄 보겠다. 수백만 년 동안 지구 기후는 지금껏 봐 온 것보다 다양한 형태와 방식으로 변화했다. 지난 3,500만 년 동안의 기후에는 엄청난 양의 물을 함유한, 거대하고 영구 동결된 빙상들이 있었다. 이 시기 이전에는 수백만 년 동안 빙상이 전혀 없었다.

지구의 일부 지역에 영구적인 빙상이 분포하는 요즘 같은 시대를 '대빙하기great ice age'라고 부른다. 현재의 대빙하기에서 빙상은 주기적으로 성장하고 후퇴하며, 지구의 온도는 상승과 하강을 반복하며 '빙하 주기'를 보인다. 지구는 현재 대빙하기의 간빙기에 속한다.

그림 9는 수천만 년 전의 온실 세계에서 오늘날의 빙하기 상태로의 기후 강하를 보여 준다. 그림 아랫부분의 막대 표시는 빙상이 존재했던 기간을 가리킨다. 이러한 과거 기온의 복원(Zachos et al., *Science*, 2001에서 발췌)에 따르면, 북반구의 빙상은 천만 년 이내로

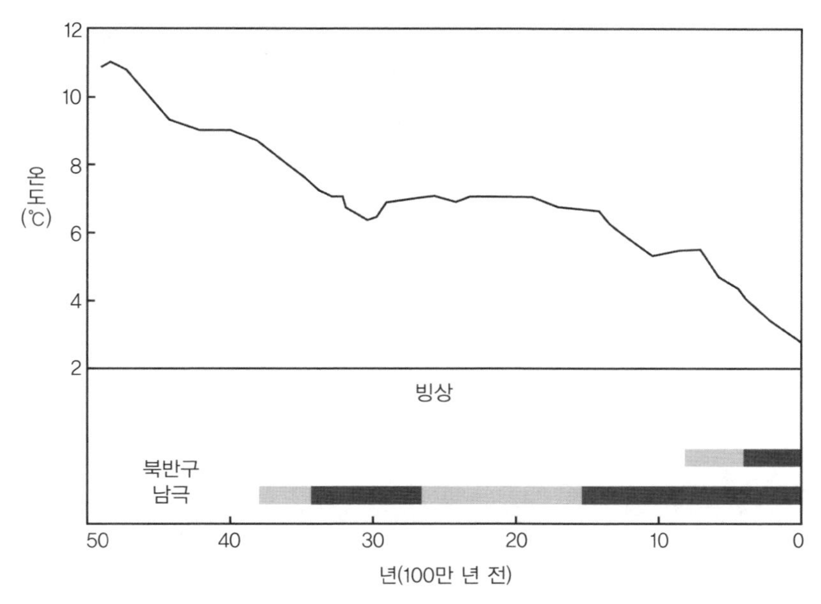

그림 9. 마지막 온실 기후의 종말. 지난 5천만 년 동안 심해의 온도를 복원한 것이다. 아래의 검은 띠와 회색 띠는 각각 빙상이 강했을 때와 약했을 때를 가리킨다. (Pamela Martin et al., 2002, Quaternary deep sea temperature histories derived from benthic foraminiferal Mg/Ca. *Earth and Planetary Science Letters*, 198, 193–209.)

거슬러 올라간다.

남극대륙은 극을 중심으로 전체가 바다로 둘러싸여 있어서 빙상을 두기에 이상적인 대륙이다. 남아메리카와 남극대륙 사이에 드레이크 해협이 열리면서 남극 주변에 순환류가 생겨났고, 이를 미루어 보면 약 3,800만 년 전부터 남극대륙에 빙상이 형성되었을 것이다.

이 시기 이전에 지구는 얼음이 없는 '온실' 형태였다. 당시 지구는 고위도까지 야자수, 악어, 연못의 조류 등이 서식하던 열대 기후였다. 자연사 박물관의 공룡 전시물에 대체로 열대 기후가 표현된 것처럼 실제로 대부분의 공룡은 그러한 환경에서 살았을 것이다.

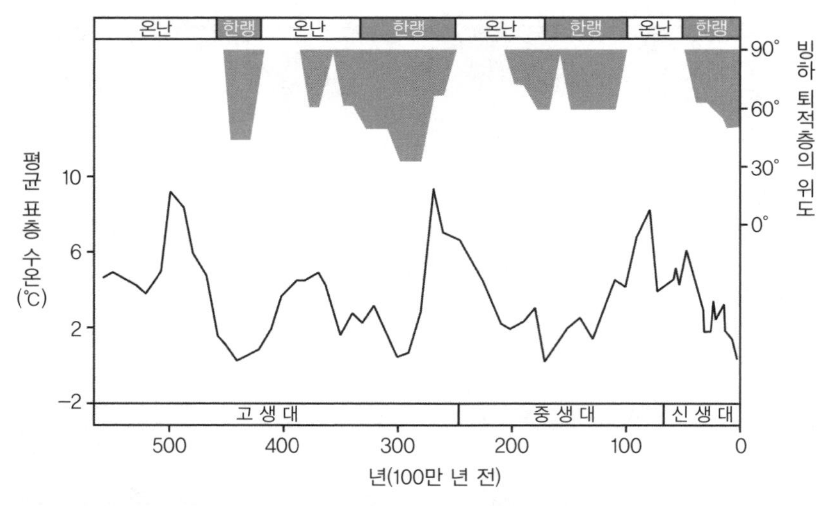

그림 10. 지난 5억 년 동안 지구 온도의 복원으로 여러 차례의 온실 기후와 빙하기 기후를 알 수 있다. (Jan Veizer et al., 2000, Evidence for decoupling of atmospheric CO_2 and global climate during the Phanerozoic eon. *Nature*, 408, 698－701.)

그림 10의 과거 기온의 복원에 따르면, 현재와 같은 대빙하기는 최근 지구 역사에서 주기적으로 찾아온 것으로 보인다. 지난 5억 년 동안, 지구는 약 1억 5천만 년에 한 번씩 세 차례나 얼었다. 여전히 작동하고 있는 예측 가능한 주기인지, 아니면 단지 우연히 빙하 작용이 일어난 시기였는지는 확실하지 않다.

온실 기후와 빙하기 기후의 전환은 궁극적으로는 지구 내부 깊은 곳에서 일어나는 과정들에 의해 영향을 받는다. 지구의 46억 년 역사를 통틀어 지구의 맨틀(금속 핵의 바깥층)을 이루는 암석질 물질이 난로 위에 놓인 주전자 속의 물처럼 아래위로 뒤집혀 왔다. 핵과 맨틀의 경계와 같은 깊은 곳으로부터 따뜻한 암석이 상승하고, 지구 표면에서는 차가운 암석이 가라앉는다.

지구가 식으면서 표면에 깨지기 쉬운 얇은 층이 만들어져 맨틀 위에 떠 있는 모습은 마치 끓인 우유가 식어 갈 때의 모습과 유사하다. 시생누대(약 40억~25억 년 전)라고 불리는 지구 일생의 전반기 내내 지구는 매우 뜨거웠으므로 지구의 판들은 지금처럼 단단하지 않았을 것이다. 오늘날 학교에서 가르치는 판구조론은 지구 일생의 후반기인 약 25억 년 전에 시작된 것으로 여겨진다.

지질학자들은 지난 5억 년 동안의 대륙 배치를 확실하게 복원할 수 있다. 이 기간은 지구 역사의 마지막 10%에 불과하며, 암석 속에서 정교한 껍질과 골격을 갖춘 조개나 삼엽충 화석을 발견할 수 있는 시기다. 화석은 발견 장소의 퇴적암 연대를 결정하는 데 사용될 수 있기에 지질학적 복원 작업에 매우 도움이 된다. 이런 이유로 과거 기후 중 지난 5억 년에 관한 정보는 가장 신뢰할 만하다.

마지막 온실 기후에서 대기 중 이산화탄소 농도는 오늘날보다 몇 배 높았던 것으로 보인다(그림 11). 지구의 탄소 대부분은 암석에 결합되어 있으며, 대기는 아주 작은 부분을 차지한다. 고체의 지구가 좀 더 많은 탄소를 대기에 내놓지 못할 이유는 없다. 지구상의 생명체는 훨씬 더 높은 이산화탄소 농도를 감당할 수 있다. 인간과 동물은 일반적으로 두통이 시작되고 의식을 잃기 전까지 대기보다 100배 높은 이산화탄소 농도를 견딜 수 있다. 높은 이산화탄소 농도는 탄소동화작용을 하는 식물에게는 큰 이득이다.

모든 지질학적 정보와 마찬가지로, 과거의 대기 중 이산화탄소 농도에 대한 확실성은 시간이 오래될수록 나빠진다. 아주 오래전의 온실 세계에서 유래된 기포는 빙하 코어에서 찾아볼 수 없다. 사실 곰곰이 생각해 보면, 빙하 코어에서 온실 기후에 관한 정보를 찾는 것

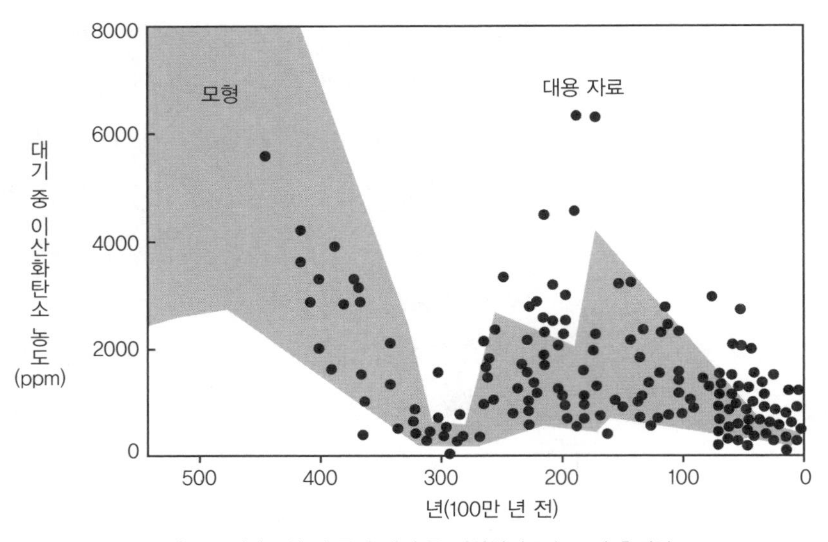

그림 11. 지난 5억 년 동안 대기 중 이산화탄소 농도의 추정값

은 별로 도움이 되지 않는다.

그러나 사막 토양의 탄산칼슘 퇴적물에는 과거의 대기 중 이산화탄소 농도의 흔적이 남아 있다. 마치 욕실 비품에 눌어붙은 하얀색 광물 침전물처럼, 물이 증발할 때 탄산칼슘 침전물이 남는다. 탄산칼슘 생성에 대한 정확한 화학 반응은 공기 중에 있던 이산화탄소의 양에 의존한다.

과거 이산화탄소의 농도를 추론하는 또 다른 방법은 다양한 식물의 잎을 이용하는 것이다. 식물은 잎의 뒷면에 있는 기공이라는 환기구를 통해 이산화탄소를 받아들이고, 광합성을 거쳐서 새로운 물질을 생성한다. 기공은 또한 물이 빠져나갈 수 있게 하는데, 이는 식물에게 달갑지 않은 일이다. 이산화탄소와 물 사이의 균형은 식물의 증산과 광합성을 조절하는 기초가 되며, 이에 대해서는 8장에서 다룰 것이다.

기공의 개수를 세는 것으로 과거 대기 중 이산화탄소를 측정할 수 있다. 이산화탄소 농도가 높을 때 식물은 기공을 적게 만들기 때문이다. 이러한 상관성은 실험실과 최근의 현장 시험에서 알려졌다. 2억 년 전부터 존재한 은행나무를 통해 기공 속 이산화탄소 기록을 잘 파악할 수 있다.

과거 이산화탄소의 농도를 추정하는 어떠한 방법도 완벽하거나 오류가 없는 것은 아니지만, 일반적으로 조화로운 결과를 제공한다. 그림 11의 대기 중 이산화탄소 농도의 복원은 빙상 퇴적물과 같은 기후 지표와도 일치한다. 온실 기후는 일반적으로 대빙하 시기의 기후보다 이산화탄소 농도가 높은 편이다.

100만 년 단위의 지질학적 기간에서 대기 중 이산화탄소는 고체 지구의 이산화탄소 순환에 따라 위아래로 오르내린다. 고체 지구와 대기 사이의 탄소 주기는 '풍화 온도 조절기weathering thermostat'라는 메커니즘을 통해 지구 온도를 안정화한다. 이 메커니즘은 가정에서 온도 조절기로 실내 온도를 조절하듯 풍화로 지구 온도를 조절한다는 것이다.

가정용 온도 조절기는 설정 온도로 바뀌기까지 대략 1시간이 걸리지만, 풍화 온도 조절기는 지구 온도를 조절하는 데 50만 년 또는 그 이상이 걸린다. 마지막 장에서 다루게 될 빙하 주기는 풍화를 통한 온도 조절보다 반응 시간이 빨랐다. 따라서 풍화 온도 조절기는 빙하 주기를 감쇠시키는 데 그다지 효과적이지 않다.

풍화 온도 조절기는 1장에서 행성의 에너지 흐름을 설명하는 데 도움이 된 싱크대 비유로도 살펴볼 수 있다. 싱크대 안에 있는 물은 1장에서 행성의 열에너지를 의미했지만, 여기서는 이산화탄소를 의미한다.

싱크대 안으로 흘러 들어가는 물은 지구의 화산 가스와 심해 온천에서 방출되는 이산화탄소를 의미한다. 반면 배수구로 흘러나가는 물은 풍화와 관련된 이산화탄소 소모량을 의미한다. 풍화 속도는 공기 중 이산화탄소의 양에 따라 달라지며, 같은 방식으로 배수구로 흘러나가는 물의 양도 싱크대의 수위에 따라 달라진다. 지구는 고체 지구로 들어가고 나오는 이산화탄소 유동의 균형을 맞추는 방식으로 대기 중 이산화탄소 농도를 조절한다.

온도 조절기 메커니즘은 이산화탄소를 제거하는 풍화의 속도가 대기 중 이산화탄소의 양에 달려 있다는 생각에 기초하고 있다. 이산화탄소 농도가 높은 지역은 열대지역으로, 강수량이 높은 탓에 바다로 강물이 많이 흘러 들어간다. 이산화탄소 농도가 너무 낮으면 물이 얼어 액체 상태의 물이 없어지므로 풍화 반응은 대부분 멈출 것이다. 이산화탄소 농도가 높은 지역은 풍화가 일어나고, 그에 따라 고체 지구는 이산화탄소 농도가 낮은 지역보다 대기 중 이산화탄소를 더 빨리 빨아들인다.

대빙하기와 온실 기후 사이에 1억 년이라는 시간 간격을 유발하는 장기적인 기후 변화는 화성火成 풍화 온도 조절기가 느린 변화를 초래하기 때문에 생긴다. 싱크대 비유에서 평형 수위를 바꾸는 데는 두 가지 방법이 있다. 하나는 물이 더 빨리 싱크대로 흘러 들어가도록 수도꼭지에서 물을 더 많이 트는 것이다. 수위는 새로운 평형을 향해 상승할 것이다. 지구 내부에서 이산화탄소가 빠져나오는 탈가스 degassing 속도가 빨라지면 대기 중 이산화탄소에도 같은 현상이 일어날 수 있다.

이산화탄소의 탈가스는 연속적인 판의 구조운동으로 조절된다. 오늘날 지구에서 일어나는 이산화탄소의 탈가스는 판이 분리될 때 새로운 해양지각이 생성되는 확장 중심에서 발생한다. 만약 과거 특정 시기에 판의 확장 속도가 달랐다면 확장 중심의 이산화탄소 탈가스 속도 또한 달라졌을 것이다. 수도꼭지를 세게 틀면 싱크대의 수위가 달라지듯, 이산화탄소의 탈가스 속도가 빨라지면 궁극적으로 대기 중 이산화탄소 농도가 높아지고 더 따뜻한 기후가 뒤따를 것이다.

해저의 탄산칼슘이 지구의 뜨거운 내부로 밀려 들어가면(섭입), 근처 화산을 통해 이산화탄소가 대기 중에 방출된다. 탄산칼슘의 섭입률은 시간에 따라 상당히 변할 수 있다. 오늘날 해저에 있는 탄산칼슘 대부분은 심층 해수의 순환으로 말미암아 대서양 해저에 퇴적된다. 그러나 해양지각이 섭입하는 지역 대부분은 태평양에 있다. 따라서 전 세계적인 탄산칼슘 섭입과 화산으로 인한 이산화탄소 방출 비율은 예상보다 낮다.

탄산칼슘을 포함한 해양지각의 조각이 마지막으로 섭입한 시기는 충돌하는 인도아대륙과 아시아대륙 사이에 테티스해라고 불리던 크고 얇은 열대성 해역이 위치하던 때였다. 침강하던 탄산칼슘이 가열되면서 이산화탄소가 대기로 방출되었고, 이로 인해 정상 상태(어떤 운동 상태에서 시간의 흐름에도 변화가 일어나지 않는 상태—옮긴이)에 있던 대기 중 이산화탄소 농도가 상승하여 에오세의 온실 기후가 만들어졌다.

싱크대의 수위를 바꾸는 또 다른 방법은 배수구를 바꾸는 것이다. 이 싱크대 비유에서 배수구는 풍화 작용을 의미하며, 많은 것이 풍화 속도에 영향을 끼친다. 토양은 화성암으로 된 기반암이 신선한 빗물에 노출되지 않도록 격리함으로써 풍화 작용을 방해한다. 반면에 조산운동은 기반암을 대기에 노출하여 풍화를 가속한다. 높은 산은 침식되기 쉽고 바위는 마모되어 자갈이나 모래 크기로 작아지며, 극단적인 경우에는 고운 가루 크기의 빙하 암분이 되어 매우 빠르게 풍화된다. 인도아대륙과 아시아대륙의 지속적인 충돌로 인한 히말라야 산맥의 융기는 지난 수천만 년에 걸친 냉각화의 원인으로 지목되어 왔으며, 오늘날 지구가 대빙하기 한가운데에 있는 이유이기도 하다.

4억 5천만 년 전 육상식물의 진화는 풍화를 가속하여 대기 중 이산화탄소에 상당한 영향을 미쳤다. 식물은 잎을 통해 대기에서 이산화탄소를 흡수하고, 이 중 대부분은 궁극적으로 토양 가스로 다시 방출된다. 토양 가스에 들어 있는 이산화탄소의 농도는 대기의 10배이며 풍화 작용을 가속한다. 육지로 진출한 식물 때문에 발생한 풍화 작용에 대응할 수 있을 만큼 지구가 충분히 식을 때까지는 대기 중 이산화탄소가 줄어들었다.

지질학적 시간 규모에서 해수면 변화는 지구의 지각地殼이 설정한 무대에서 일어난다. 지각은 크게 대륙지각과 해양지각으로 나뉜다. 대륙지각을 구성하는 암석은 해양지각의 암석 또는 그 아래의 맨틀과 화학적으로 구별된다.

대륙지각은 녹은 쇳물이 담긴 도가니의 맨 위에 둥둥 떠 있는 불순

물, 즉 슬래그와 유사하다. 대륙지각 대부분은 수십 억 년 전에 형성되었고, 이후 이리저리 흩어졌다가 모이고 다시 떨어지기를 반복했다. 때로는 대륙지각이 바다에 잠기면서 표면에 퇴적암이 쌓이기도 했다.

해양지각은 대륙지각과 달리 화학적으로 맨틀과 좀 더 유사하며, 판이 수렴하고 충돌하는 곳에서 지구 내부로 기어들어 간다. 해양지각의 평균 수명은 약 1억 5천만 년에 불과하다. 반면 대륙지각은 지구 내부로 들어가지 않는 대신 침식된다. 즉 풍화되거나 갈려 으깨진다.

두 가지 지각은 모두 물에 떠 있는 빙산처럼 맨틀이라는 유체에 떠 있다. 고대 그리스의 과학자 아르키메데스는 떠 있는 물체가 유체 속에서 자신의 무게만큼 가라앉는다는 것을 발견했다. 해양지각은 대륙지각보다 얇고 밀도가 크기 때문에 대륙지각보다 낮게 떠 있다. 바닷물은 바다 깊이 채워져 있기 때문에 해양지각 또한 물로 덮여 있다.

빙상이 성장할 때 빙상의 무게로 인해 그 아래 놓인 지각이 눌리는 경향이 있다. 마치 연락선에 트럭을 실을 때 배가 살짝 가라앉는 것처럼 말이다. 12장에서 설명할 서남극 빙상west antarctic ice sheet은 해수면 아래의 땅에 완전히 닿아 있다. 원래 해수면 위에서 생성되었지만 이후에 육지가 가라앉은 것이다. 빙상이 녹으면 그 아래에 있는 지표면은 발자국에 눌렸다가 튀어나오는 잔디처럼 올라온다. 지각이 떠오르거나 가라앉는 데는 수만 년이 걸리므로 이전에 로렌타이드 빙상 아래 있던 캐나다의 허드슨만 지역은 얼음이 녹은 지 1만 년이 지난 지금도 계속 상승하고 있다.

해수면 변화에는 주로 세 가지 원인이 있다. 첫 번째는 빙상에서 바다로 유입되는 물, 두 번째는 해수의 열팽창, 세 번째는 천천히 변화하는 판의 고도다. 수백만 년이라는 기간에서 보면 해수면의 평균 높이는 대륙지각의 평균 고도와는 달리 변동을 거듭해 왔는데, 네 번째가 될지도 모를 그 원인에 대해서는 아직도 지질학자들 사이에 논란이 있다. 바로 고체 지구가 이산화탄소를 마셨다 내뱉는 방식과 마찬가지로 물을 마셨다 내뱉을 수도 있다는 것이다.

과거 5억 년 중 해수면이 가장 높았던 때는 1억 년 전인 백악기 때다. 지구 전체에 대해 복원해 보면 해수면은 오늘날보다 약 250~300m 높았고, 현재 육지 표면의 약 3분의 1이 물에 잠길 정도였다. 백악기 당시에는 빙상이 거의 없었다. 그런데 오늘날 빙상이 모두 녹으면 해수면이 250m나 300m가 아니라 고작 70m 올라갈 것이다. 이런 해수면 변화의 차이가 바로 지질학자들 사이에 논란이 되는 것이다. 어쩌면 해양분지의 형태적 변화, 중앙해령의 부풀림, 또는 맨틀에 녹아 있는 물의 방출 등이 원인일지도 모른다.

미래의 지구 온난화와 유사할 것이란 사례가 있다. 5,500만 년 전에 있었던, 팔레오세-에오세 최대온난기 또는 PETM으로 정의되는 시기다(그림 12). 심해 퇴적물과 육지의 고토양古土壤 속 탄산칼슘에 보존된 산소와 탄소의 동위원소가 그 사건의 전모를 밝혀 준다.

오늘날 화석 생물의 탄소 방출과 마찬가지로, 탄소 동위원소를 통해 과거의 생물학적 탄소에서 유래된 동위원소적으로 가벼운 탄소가 대량 방출되었는지를 알 수 있다. 대기로 유입된 탄소의 동위원소 조성을 알지 못하면 얼마나 많은 탄소가 방출되었는지 정확하게 알 수 없다. 이산화탄소 방출량을 산정하는 세 가지 독립적인 방식이 모두 일치하지는 않지만, 이산화탄소 방출량이 지구의 석탄 매장량에

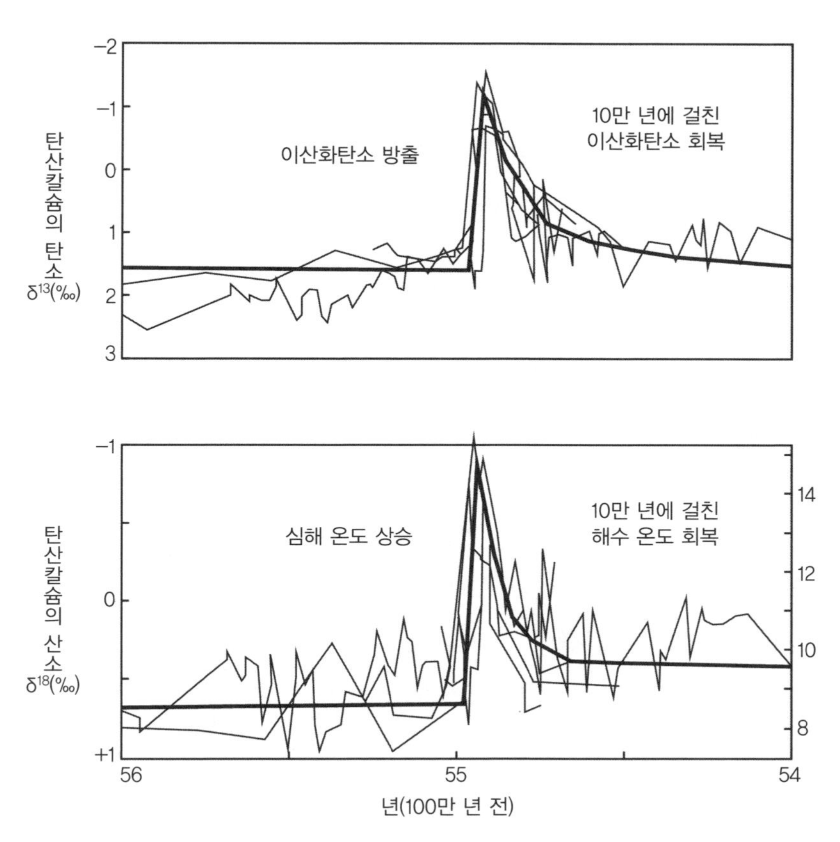

그림 12. 팔레오세-에오세 최대온난기 사건. 대기 중 이산화탄소와 해양 온도는 급변한 다음 천천히 회복되었다.

해당하는 약 5조 톤의 탄소와 맞먹는다는 보편적인 답을 제시한다.

이산화탄소 방출의 시간적 간격 또한 잘 알려져 있지 않다. 매우 짧았을 수도 있고, 1만 년 동안 일어났을 수도 있다. 비교하자면, 화석 연료 시대는 아마도 석탄이 바닥나는 기껏해야 수백 년 안에 끝날 것이다.

탄소 동위원소와 더불어 산소 동위원소의 급증은 심해에 극적인 온난화가 일어났음을 의미한다. 그런 사건이 시작되기 전에 바다는 이미 오늘날보다 4℃ 정도 더 따뜻했으나, 팔레오세-에오세 최대온난기 동안에는 바다가 5~8℃ 더 따뜻했다. 온난화 시기는 탄소 동위원소를 통해 알아낸 대기 중 이산화탄소 농도의 증가 시기와 일치한다.

이산화탄소의 방출로 말미암아 해양 퇴적물 속의 탄산칼슘이 용해되기 시작했다. 이산화탄소는 물에 녹아들면 산성이 되고, 탄산칼슘은 염기성 고체다. 즉 산과 염기의 반응으로 탄산칼슘이 용해된다. 9장에서 설명할 테지만, 다음 천 년에도 동일한 중화 반응이 일어날 것이다.

일련의 사건이 지나간 뒤, 탄소와 산소의 동위원소 기록은 모두 약 14만 년 전인 사건 이전의 값으로 되돌아간다. 싱크대가 일정한 수위에 도달하는 데 시간이 걸리듯, 앞부분에서 설명한 화성 풍화 온도 조절기가 대기 중 이산화탄소 농도를 안정화하는 데는 시간이 오래 걸린다. 이런 이유로 화석 연료의 이산화탄소 방출에서 궁극적으로 회복하는 데는 수십만 년이 걸릴 수 있다(9장 참조).

팔레오세-에오세 최대온난기는 10만 년 주기로 온도 조절기가 작동된다는 사실을 보여 준다. 1억 5천만 년마다 왔다가 사라진 대빙하기는 이 주기보다 무려 1,500배나 느리다. 싱크대의 수위가 생각보다 훨씬 느리게 변하고 있는 것이다.

싱크대 구성이 갑작스레 바뀌지 않는다는 가정 아래, 당근 조각이 갑자기 배수관 일부를 막는 것처럼 파이프가 점차 막히면 배수가 느려지고 싱크대 평형 수위도 느리게 바뀔 것이다. 탄소 주기의 느린 변화는 아마도 느릿한 대륙 이동에서 비롯됐을 것이다.

미래 예측에 대한 요점은 이렇다. 지구는 스스로 기후를 돌볼 능력을 지니고 있지만, 그러려면 수십만 년을 기다려야 한다. 지구가 이산화탄소를 방출하고 흡수하는 과정에 생기는 불균형이 대기와 해양의 이산화탄소 농도에 영향을 끼치는 데는 오랜 시간이 걸린다. 지구의 온도 조절에 관한 느린 응답 시간은 화석 연료의 이산화탄소 방출에 대한 인간의 실험이 앞으로 수십만 년 걸릴 수 있는 이유이기도 하다. 이것이 이 책 3부의 중심 주제다.

7장

과거를 통해 현재를 짚어 내다

많은 사람이 가장 궁금해하는 것은 인간이 유발한 기후 변화에 대한 예측을 기후의 자연적 변동 및 주기와 어떻게 비교할 수 있느냐다. 지구 온난화는 큰 문제일까? 아니면 자연스러운 현상일까? 이 문제는 3장의 지구 온난화 예측과 4·5·6장에서 설명한 과거의 기후 변화를 비교하면 답할 수 있다. 앞서 여러 장에 걸쳐 자세하게 살펴보았지만, 여기서는 그 내용을 요약해 두었다.

나는 지금까지의 지구 온난화가 근세 소빙기나 중세 온난기와 같은 지난 천 년 동안의 기후 변화와 견줄 만하다고 본다. 두 경우 모두 기후 변화가 두드러져서 피해를 입은 지역이 있었지만, 전 세계적으로는 그 영향이 크지 않았다.

미래의 잠재적인 기후 변화는 결코 작지 않다. 인류가 모든 석탄을 연소한다면, 지구의 새로운 기후는 수천만 년 전 인류가 진화하기 훨씬 이전보다 따뜻해질 것이다. 지금까지의 자연적인 기후에서 새로운 기후로의 전환은 1억 5천만 년 동안의 공룡 시대를 끝낸 6,500만 년 전의 백악기/제3기(K/T) 경계 이후 가장 심각한 전 지구적 변화일 수 있다.

우리가 지금껏 봐 온 온난화 현상은 일부는 체감할지 몰라도, 대개 그렇지 않다. 나는 미국 중서부 지역에서 오래 살아오면서 온난화를 전혀 인식하지 못했다. 이후 인디애나주에서 일리노이주 시카고로 이사했는데, 그때 전 지구적 온도 변화보다 큰 기후 변화가 일어났던 것 같다. 실제로 일리노이주 중부의 여름은 무척 뜨거웠다.

지난 수십 년간 지구 온난화는 무시하지 못할 수준의 경향을 보이며 실제 현상이 되어 가고 있다. 나는 이를 과소평가하려는 것이 아니다. 그러한 경향은 미래 온난화 현상의 지표이자 기후 모델의 시금석으로 중요한 가치를 지닌다. 하지만 전반적으로 볼 때 온난화의 영향은 별로 크지 않았다.

예를 들어 고위도 지역의 영구동토층과 해수면 상승의 영향을 받는 저지대 지역은 큰 타격을 입었다. 현재까지 기후 변화의 가장 강력한 영향은 강한 폭풍, 강우량, 폭염 등과 같은 극한 기후의 빈도 증가로 보인다. 그러나 나의 주관적인 인상으로는 0.7℃ 온난화가 곳에 따라서는 뚜렷하고 상당한 피해를 초래하지만, 우리 일상에서는 별로 눈에 띄지 않는다.

지난 수십 년 동안의 기후 변화는 지난 천 년 동안의 자연적 기후 변화와 맞먹는다. 특히 유럽은 서기 1300년부터 1860년 사이의 근세 소빙기 때 오늘날보다 더 추웠다(4장 참조). 지구 평균 기온은 약

1℃(1950년에 정의된 자연적 기후의 상댓값) 낮았던 것으로 추정된다. 이는 여태 우리가 경험한 것보다 조금 더 큰 온도 변화다.

근세 소빙기는 일부 사람에게는 눈에 띄게 다른 기후였다. 추워서가 아니라 기후 특성이 그전과 달라졌기 때문이다. 극심한 추위와 더불어 수십 년 동안 가뭄이나 홍수가 번갈아 찾아왔다. 다른 수십 년은 따뜻하고 온화했다. 근세 소빙기의 기후는 단순히 지구 평균 기온의 1℃ 하강이 초래하는 것과 비교하면 다른 양상의 기후 변화였다.

이 시기 이전에 서기 800년에서 1300년까지 중세 온난기라는 대체로 온난한 시기가 이어졌다. 근세 소빙기와 마찬가지로 온난화가 전 지구적이었는지, 아니면 북대서양 지역에 국한되었는지는 말하기 어렵다. 온난화의 온도 편차는 일반적으로 근세 소빙기의 냉각보다 다소 작으며, 1950년의 '자연적인 기후'보다는 0.5℃ 더 따뜻했던 것으로 추정된다. 이는 여태 우리가 경험해 온 온난화와 유사하다. 유럽은 이때 풍성한 수확과 인구 번성으로 풍요로웠다. 반면 북미 남서부 지역에서는 가뭄이 오래 이어졌다.

일반적으로 지난 천 년의 기후 변화는 지난 50년간의 기후 변화와 비슷했다. 지난 천 년 동안 기온 변화는 눈에 띄었지만, 특히 피해를 입은 몇몇 지역을 제외하고 대부분의 지역에서는 치명적이지 않았다. 한 가지 차이점은 1950년 이래 온난화가 그래왔듯이, 지난 천 년 동안의 기온 변화가 전 지구적이었다는 강력한 징후가 없다는 것이다. 지난 천 년 동안 자연적인 기온 변화는 특정 지역에 국한되었고, 지구 전체로 보면 평균이었다. 현재의 온난화 현상은 거의 모든 곳에서 한꺼번에 일어나고 있다는 점에서 새로운 현상이다.

2100년에 평균 기온이 2~4℃ 상승하리라 예측되는 온난화에 대해 살펴보자. 농업과 문명의 발달은 큰 기후 변화가 없었던 홀로세의 '긴 여름'에 일어났다.

2100년까지의 온난화는 마지막 빙하기 끝자락의 온도 변화, 즉 약 5~6℃ 온난화에 필적할 것으로 예상된다. 매우 큰 변화이며, 그 당시 빙하 세계는 현재와 달랐다. 북쪽 대륙은 툰드라였고, 추위가 누그러졌을 때만 가끔 거주할 수 있었다. 또한 북유럽은 미국의 뉴펀들랜드섬이나 북극해의 노르웨이령 스발바르섬처럼 보였다. 마지막 빙하기가 끝나자, 지구 경관은 물론 인류 문명의 관점에서 지구 생명체도 변했다. 오늘날 인류 문명은 지구의 지속 가능한 환경 수용력 이상으로 살아가며, 대규모 기후 변화로 재편되리라 여겨지는 힘든 시기를 지나고 있다.

최근 수백만 년 동안 겪어 보지 못했던 온난한 기후의 세상은 무척 새로울 것이다. 빙하 코어에 기록된 이산화탄소 농도는 이미 지난 50만 년 이상의 것보다 더 높다. 심해 퇴적물에 기록된 온도는 현재의 한랭한 기후가 수천만 년 이어졌음을 보여 준다. 지구 온난화 기후는 4천만 년 전 에오세 온난기와 같은 과거 온실 기후와 닮아 가기 시작했다.

새로운 기후의 문제는 예측할 수 없다는 것이다. 최근(지난 몇백만 년 동안) 지구는 오늘날보다 더 서늘했을 뿐, 더 따뜻하지는 않았다. 4천만 년 전 에오세 온난기의 기후에 대해서는 실제로 매우 피상적으로만 이해할 수 있다. 예측한 만큼 기후가 급변했던 마지막 시기는 5,500만 년 전의 팔레오세-에오세 최대온난기지만, 구체적인 내용 역시 피상적이긴 마찬가지다.

인류는 틀림없이 빙하기의 종말을 반겼다. 에오세의 온난한 기후가 지구 생명체가 살기 어려웠던 세계라고 말할 수는 없다. 그러나 인류에게는 가장 편안하고 생산적이며 건강하게 지낼 수 있는 최적의 온도 범위가 있다. 지구를 더 데워야 할지 또는 식혀야 할지를 두고 전 세계 사람을 대상으로 1인 1표씩 투표해 보면 어떨까. 일부 캐나다인과 다른 기후대에 사는 사람들은 온난화로 이익을 얻을지도 모르지만, 열대지방에 사는 사람들을 생각해 보라. 투표함을 열어 보면 온난화가 질 것이다.

빙하가 사라지는 5~6℃ 정도의 기후 변화는 인류 문명에 치명적일 수 있다. 앞으로 3~5℃ 정도의 온난화는 빙하 소멸 온도에는 미치지 못하지만, 지구를 지난 수백만 년과는 전혀 다른 기후에 놓이게 한다. 이 정도의 기후 변화로도 지구 경관이 바뀌고 인간 사회가 재편될 것이다.

앞으로 100년 정도의 기후 변화에 대해 IPCC는 기온, 강수량 변화, 해수면 등이 서서히 상승할 것으로 예측한다. 그러나 과거의 기후 변화는 갑작스럽게 일어난 편이다. IPCC의 예측은 완만하게 상승하는 이산화탄소에 대한 단순한 기후 응답과 유사하지만, 과거에는 수년 내에 기후 상태가 연쇄적으로 전환된 것으로 보인다. 기후 모델을 근거로 예측이 이루어지기는 하지만, 모델이 많은 부분에서 과거 기후 기록을 제대로 모사하기는 어렵다. 이런 관점에서 예측은 기대치 못한 상황을 피할 수 있으므로 최선의 시나리오라 할 것이다 (4장 참조).

인류 문명은 지난 65만 년 가운데 기후가 가장 안정했던 홀로세에 발상했다. 복잡하면서도 질서가 유지되는 사회에서, 땅이 수용할 수 있는 것보다 사람이 더 많이 채워진다면, 가령 장기간의 가뭄이 들었을 때 그 사회는 급격하게 붕괴될 수 있다(저명한 문화인류학자 재레드 다이아몬드Jared Diamond의 《문명의 붕괴Collapse》를 참조하라). 지구의 육지 환경이 갑작스럽게 변할 때 인간 사회에 미치는 영향은 상상하기조차 무섭다. 만약 그런 일이 몇백 년이 아니라 몇 년 안에 일어난다면 더욱 무서울 것이다.

5,500만 년 전의 팔레오세-에오세 최대온난기(그림 12)는 지구 온난화의 잠재력과 비슷하다. 먼 과거의 팔레오세-에오세 최대온난기(6장 참조)에 어떠한 일이 일어났는지 알기 어려우므로, 이 사건은 미래 예측에 제한적으로 활용된다. 물론 생명은 계속 이어졌지만 한편에서 멸종도 일어났고, 궁극적으로 완전히 새로운 종류의 동물인 발굽 달린 포유류가 생겨났다. 아마도 해양 산성화로 인해 바다에서 탄산칼슘을 형성하던 생물이 가장 큰 타격을 입었을 것이다(9장 참조).

팔레오세-에오세 최대온난기에서 탄소가 얼마큼 방출되었는지는 불분명하지만, 일반적으로 인간이 태울 수 있는 화석 연료 석탄의 양과 비슷하다고 추정된다. 심해는 5~8℃만큼 따뜻해졌고, 아마 육지 표면 또한 같은 정도로 따뜻해졌을 것이다. 이 정도의 온난화가 2100년에 대한 예측보다 더 심할 것으로 보는 데는 두 가지 이유가 있다. 하나는 지구 기후가 따뜻해지는 데 몇백 년이 걸린다는 것이다. 만약 2100년까지 3℃ 상승한다면, 대기 중 이산화탄소 농도로 말미암아 또 다른 2℃ 온난화가 곧 모습을 드러낼 것이기 때문이다. 또한 모든 석탄이 2100년까지 소모되지도 않을 것이다.

팔레오세-에오세 최대온난기에 이산화탄소가 방출되는 데 얼마나 오래 걸렸는지는 분명하지 않다. 화석 연료 시대가 지속되는 것보다 빨랐을 수도 느렸을 수도 있다. 이산화탄소의 방출 기간은 중요하다. 만약 이산화탄소가 바다로 녹아 들어가는 것보다 더 빨리 방출된다면, 대기 중 이산화탄소 농도는 수백 년 동안 증가하여 정점을 찍을 것이다. 이것이 우리가 처한 상황이다. 팔레오세-에오세 최대온난기에 100년 단위로 기온이 상승했다는 증거는 없다. 다만 14만 년 동안의 장기적인 여파만 있을 뿐이다. 팔레오세-에오세 최대온난기는 자연 기후가 완전히 회복되는 데 수십만 년이 걸릴 수 있음을 경고한다. 이에 대해서는 3부에서 더 자세히 다룰 것이다.

조금 더 오래전으로 거슬러 올라가면 6,500만 년 전의 백악기/제3기(K/T) 경계를 발견할 수 있다. 이 시기는 공룡의 멸종으로 포유류가 성장할 여지를 남긴 지구 생명의 역사에서 주요한 전환점이다. 공룡 시대는 다양한 종의 공룡과 함께 1억 5천만 년 이상 지속되었다.

현재 공룡 시대의 종말은 멕시코 동남쪽의 유카탄반도에 떨어진 지름 10km의 소행성이나 혜성 때문이라는 것이 명백해졌다. 소행성이 충돌하면서 상층 대기에 많은 먼지를 퍼부었고, 이로 인해 지구 표면은 몇 달 동안 계속 밤처럼 보였다. 어둠은 먹이 사슬에서 에너지 생산의 주요 원천인 광합성을 멈추게 했다. 소행성 충돌로 인한 실제 기후 영향은 비교적 작고 짧았다. K/T 사건은 근본적으로 기후보다는 생물에 큰 영향을 끼쳤다.

인류는 스스로 이런 사건의 심각성을 재현할 수도 있지만 화석 연료의 이산화탄소 배출에 의해서는 아니다. 백악기/제3기 경계와 필적할 만한 사건을 일으키려면 상당한 양의 핵무기와 핵겨울(핵전쟁으로 지구에 대규모 환경 변화가 발생하여 일시적으로 추워지는 현상—옮긴이)이 필요하다.

결론은 지구 온난화 현상이 지구 역사상 유례없는 일이 아니라는 점이다. 빙하 주기를 통한 기후 변화는 아마도 지구 온난화의 잠재력만큼 혹독했을 수 있다. 그래도 지구와 생물권은 살아남을 것이다.

그러나 같은 시각에서 보면, 인류 문명 역시 지구 역사에서 전례가 없다. 동물적 본능이라는 하드웨어에 일종의 소프트웨어처럼 적용된 문화는 약 4만 년 전 빙하 기후에서 생겨났다. 그때 이후로 인류의 성취와 함께 인구가 기하급수적으로 증가해 왔다. 영거 드라이아스는 이 기간에서 가장 큰 기후 변화였고, 농업 혁명의 산파 역할을 했다.

그 뒤를 이은 '긴 여름'은 8200년 전의 8.2k 사건(4장 참조)으로 중단되었다. 빙하기의 급격한 기후 변화인 단스가드-외슈거 사건, 하인리히 사건(4장 참조)과 비교하면 8.2k 사건은 매우 평범했으며 몇백 년 만에 끝났다. 비교적 작은 규모였지만 8.2k 사건 동안 이어진 추위와 가뭄은 이후에 발생한 인류 문명에 치명적이었을 것이다. 지구 온난화로 인한 온도 변화는 8.2k보다 훨씬 클 수 있다. 문명화된 인류는 이제껏 지구 온난화만큼 심각한 기후 변화를 겪어 본 적이 없다.

과거의 기후 기록과 비교하면, 지구 온난화 예측은 부자연스러울 정도로 완만한 변화를 나타낸다. 기후 변화 유발 요인(지구 궤도, 대기 중 이산화탄소 농도, 빙상 크기)이 느리게 변화했지만, 빙하 기후는 안정적인 상태에서 다른 상태로 갑자기 바뀐 듯 보인다. 오늘날 대기 중 이산화탄소 농도는 빙하 코어와 퇴적물 기록에서 보이는 것보다 빠르게 변하고 있다. 그러나 다음 세기에 대한 IPCC의 전망은 과거의 기후 기록보다 훨씬 기복이 적은 듯하다. 지구 시스템 모델은 식생과 기후 사이의 피드백 때문인지 실제 세상보다 덜 불안정해 보인다.

미래는 수백만 년 동안 존재하지 않았던 온실 기후로 인해 따뜻해지면서 지난 과거와는 달라질 것이다. 급속한 온난화에 대한 가장 가까운 사례는 5,500만 년 전의 팔레오세-에오세 최대온난기지만, 너무 동떨어져 있어서 자세히 알 수는 없다. 이 때문에 미래를 예측하고 준비하기가 매우 어렵다.

3부

미래

8장

화석 연료 이산화탄소의 운명

우리 스스로 경험해 보지 않았다면 지구에서의 삶은 상상조차 할 수 없었을 것이다. TV 드라마 〈스타 트렉Star Trek〉의 용감한 영웅들은 가끔 탄소가 아닌 에너지로만 구성된 외계의 존재들을 만나곤 했다. 그런 존재들은 제일원리 또는 인간이 지금까지 발견한 과학의 기본 체계로부터 지구의 탄소 마법을 예측하지 못했을 것이다.

지구의 탄소 중 생물계 순환에 참여하는 유기 탄소는 극히 일부분이다. 이 유기 탄소로 지구 표면을 칠한다면 불과 몇 밀리미터 두께에 지나지 않는다. 얇고 끈적해 보이는 이 층은 지구에서의 화학 반응을 수천 배 가속할 수 있다. 또한 대기, 해양, 토양 등 지구 표면의 화학 반응과 기후를 제어하며, 새로운 화학 반응을 적극적으로 탐색하고, 태양에서 빛에너지를 수확하는 방법을 찾아냈다. 과연 누가 이런 생각을 할 수 있었을까?

생명체는 탄소라는 원소의 화학적 성질에 기초한다. 지구의 어떤 원소도 그 복잡성에 있어서 탄소를 따라올 수 없다. 주기율표에서 탄소와 가장 가까운 규소[Si] 역시 복잡한 화학적 성질을 가진 원소다. 규소의 화학적 성질은 판구조 운동의 단계와 해양지각, 대륙지각의 특성을 규정한다. 풍화 작용의 산물인 토양은 규소의 화학적 성질에 따라 형성된 결과다.

규소는 지구 내부를 제어하지만, 탄소는 표면을 차지하고 있다. 탄소 순환은 해양과 지구의 고체 부분으로 확장된다. 나무와 풀은 탄소로 만들어지며 탄소 잔여물을 토양에 남긴다. 바다에는 생물학적 탄소의 얇은 수프와 중탄산 이온[HCO_3^-] 형태의 수많은 비생물학적이고 산화된 탄소가 포함되어 있다. 생물학적 조직과 탄산칼슘[$CaCO_3$] 껍질을 가진, 죽은 플랑크톤의 탄소 잔해는 해저로 가라앉고 퇴적물에 축적된다. 그 탄소의 일부는 해양판이 수렴하는 섭입대에서 지구의 깊은 곳으로 운반된다. 아마도 가장 큰 탄소 저장고는 대륙의 퇴적암일 것이다. 퇴적암은 해수면이 높은 시기에 퇴적되었거나 느린 판구조 운동으로 해양지각에서 대륙지각 쪽으로 부가되어 올라간 것들이다.

대기는 지구상의 작은 탄소 저장고 중 하나다. 대기 중 이산화탄소가 드라이아이스로 얼어붙고 전 세계에 균일하게 눈으로 내린다면, 이산화탄소 눈은 고작 10cm 정도의 두께로 쌓일 것이다. 바다, 육지, 암석과 같은 커다란 탄소 저장고들은 모두 대기와 탄소를 교환한다. 마치 서로 다른 크기의 폐처럼, 각각의 탄소 저장고는 나름의 속도에 맞춰 호흡한다. 대기는 대도시의 중앙역처럼 지구상 모든 이산화탄소 폐가 공유하는 이산화탄소 연결망이다.

화석 연료 속의 탄소는 오랫동안 지층에 잠들어 있었다. 그러나 대기로 이동하면서 탄소 순환의 다른 부분에 영향을 미칠 것이다. 나중에 설명하겠지만, 가령 바다에 이산화탄소가 과도하게 녹아 있을 때 대기는 바다로부터 이산화탄소를 빨아들인다. 반면 다른 탄소 저장고들은 이산화탄소를 방출하려 한다. 예를 들어 수화물(메테인 하이드레이트)이 융해될 때 이산화탄소가 방출되어(10장 참조) 화석 연료 이산화탄소의 기후 강제력을 증폭한다.

인류는 주로 화석 연료 연소를 통해 매년 약 85억 톤의 이산화탄소를 대기로 방출하고 있다. 10억 톤은 1기가톤(G톤)이다. 탄소 7기가톤은 지구의 생물 총량(주로 나무)의 1%에 해당한다. 인간의 탄소 배출량은 지구상 모든 인체 탄소량의 20배가 넘는다.

화석 연료의 이산화탄소 방출량은 해양과 대기 사이에서 일어나는 탄소의 자연적 교환보다는 작다. 대기와 육지 생물권 사이, 대기와 바다 사이의 탄소 교환량은 연간 100기가톤 정도이며, 화석 연료의 이산화탄소 배출량보다 12배나 많다. 인류의 이산화탄소 배출이 자연적인 이산화탄소 배출보다 느리다는 것이 그나마 위안이 된다. 그러나 화석 연료에서 나오는 이산화탄소는 특이하게도 대기, 해양, 육지 표면의 빠른 탄소 순환에 새로 끼어든다. 수백만 년 동안 잠자고 있던 화석 탄소가 탄소 순환의 중앙역인 대기 속으로 주입되고 있다.

육상 생물권은 대기와 탄소를 교환한다. 육상식물은 여름철에 대기로부터 탄소를 끌어당겨 이파리와 새로운 가지를 만들고, 겨울에는 다시 탄소를 방출한다. 대기 중 이산화탄소 농도의 계절적 주기로부터 육상 생물권의 호흡을 살필 수 있다(그림 13). 북반구와 남반구는 적도를 사이에 두고 계절이 반대이므로 여러 면에서 차이가 생긴

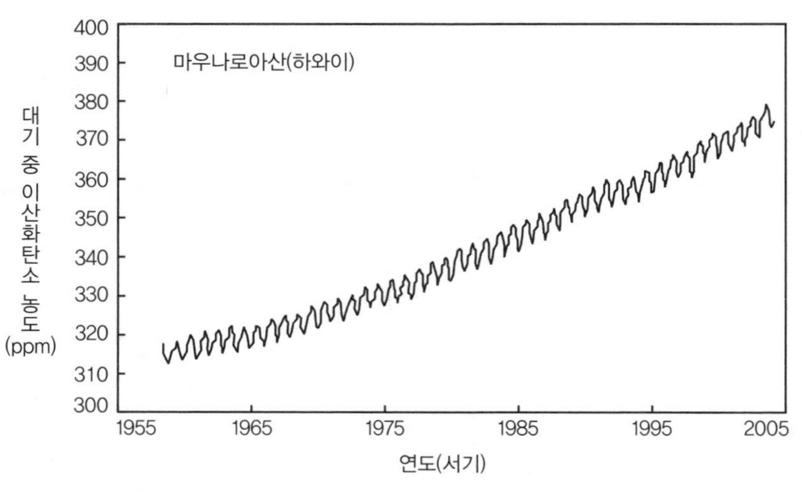

그림 13. 하와이 빅아일랜드 마우나로아산 정상에서 지난 50년 동안 측정한 대기 중 이산화탄소 농도. 톱니 모양은 생물권의 연간 호흡 작용의 결과이며, 인간의 화석 연료 사용으로 이산화탄소 농도는 상승세를 보인다.

다. 북반구에는 육지가 더 많은 만큼 북반구 생물권이 더 깊이 숨을 쉬게 된다.

나무, 코끼리, 사람 등 눈에 보이는 탄소는 약 500기가톤의 탄소로 이루어져 있는데, 지금까지 배출된 화석 탄소의 양(300기가톤)보다는 많지만, 활용 가능한 화석 탄소의 잠재적 총량(5천 기가톤)에 비하면 아주 적은 편이다. 토양의 탄소 저장고는 약 2천 기가톤으로 육지 생물 총량의 탄소보다 약 3배 많지만, 화석 연료 탄소보다는 여전히 적다.

육지에서의 탄소량 조절 요인들은 복잡한 편이며, 또한 육지는 다음 세기에 화석 연료 이산화탄소의 공급원 또는 흡수원 역할을 할 수 있다. 공급원이냐 흡수원이냐는 예측하기 힘들다. 삼림 벌채는 대기 중 이산화탄소 농도를 높이는 데 기여한다. 베어진 나무는 더는 이산화탄소를 흡수하지 못한다. 결과적으로 나무를 태우거나 분해할 때처럼 대기 중으로 탄소가 방출된다. 삼림 벌채는 오늘날 대부분의 열대지역에서 일어나고 있으며, 온대지역에서도 몇몇 숲이 이미 벌채되었거나 다시 자라나는 중이다. 삼림 벌채로 인한 탄소 배출량은 연간 약 2기가톤으로, 화석 연료에 의한 이산화탄소 배출량의 3분의 1도 채 되지 않는다.

삼림 벌채가 일어나지 않은 곳에서는 연간 2기가톤의 탄소가 육지 생물권에 흡수되는 것으로 보인다. 오랫동안 이 거대한 탄소 흡수는 '잃어버린 흡수원'으로 불렸으며 탄소가 어디로 가고 있는지 아무도 정확히 알지 못했다. 육지에서 탄소의 양을 측정하기는 어려운 이유는 대개 토양 속 농도로 결정되는 자료의 분포가 아주 고르지 않으며 정확한 집계를 내려면 막대한 양의 측정값이 필요하기 때문이다. 또한 식물이나 동물과는 달리, 땅속 탄소는 육안으로 볼 수 없으므로 측정하기가 무척 힘들다. 비록 연간 2기가톤이 지구 인구 질량의 10배가 넘는 엄청난 유량이긴 해도 인간에게는 아직 땅에서 탄소를 찾을 수 있을 만큼의 능력이 없다.

잃어버린 탄소의 운명을 결정하는 최선의 방법은 토양보다는 대기 중 이산화탄소 농도를 측정하는 것이다. 이해를 돕기 위해, 바람이 서쪽에서 동쪽으로만 불고 있고 지표 바로 위의 공기 중 이산화탄소 농도가 서쪽에서 동쪽으로 꾸준히 감소하고 있다고 가정해 보자. 이때 대기 중 이산화탄소 농도를 측정하면 바람 방향을 따라 이산화탄소가 얼마큼 육지 표면으로 스며들었는지 알 수 있다.

그러나 현실에서는 어지러운 난기류로 바람이 일정하지 않고 모든 방향으로 분다. 이산화탄소 측정은 두어 장소에서 단 한 번만 수행되는 것이 아니라, 매일 전 세계 수십 개 지역의 네트워크를 통해 이루어진다. 전 세계적으로 이산화탄소 농도의 차이가 매우 작아서, 여러 실험실의 결과를 신중하게 보정해야 한다. 이산화탄소 데이터는 기상 관측에서 바람을 분석하는 것과 같은 종류의 컴퓨터 모델로 분석된다. 이러한 연구의 공통된 결론은 잃어버린 이산화탄소가 북반구 고위도 지역인 캐나다와 유라시아의 숲으로 유입되고 있다는 것이다.

탄소가 정확히 어디로 가는지, 왜 그곳으로 가는지는 분명하지 않다. 따뜻한 환경에서는 식물의 생장 기간이 길어지므로 육지가 새로운 탄소를 흡수하는 것일 수도 있다. 생장 기간의 변화는 농사 기록에 확실히 남아 있다. 온난화는 고위도 지역에서 강하게 나타나며, 이로부터 현재 왜 고위도 지역에 탄소가 흡수되고 있는지를 설명할 수 있다.

다른 가능성은 내연 기관의 부산물인 질소의 침전으로 육지가 탄소를 흡수할 수 있다는 것이다. 고온의 엔진 실린더에서 대기로부터 유입된 질소 가스는 질소-산소 화합물, 즉 질소 산화물[NO_x]로 변환된다. 질소 산화물은 도시의 오염된 공기에서 오존을 형성한다. 이후 질산으로 분해되어 비로 내리는데, 산성비의 약 3분의 1을 차지한다(나머지는 황산이다). 질소는 식물의 비료가 되는 질산염[NO_3^-]이라는 물질로 바뀌어 토양에 녹아든다. 질산의 산성비로 인해 침전물이 증가하고 토양이 비옥화되면 식물은 여분의 탄소를 흡수하게 될 것이다.

세 번째 가능성은 높은 이산화탄소 농도만으로도 식물이 무성하게 자랄 수 있다는 것이다. 똑같은 환경이라면 이산화탄소가 많은 공기에서 식물이 더 잘 자란다. 식물이 성장하는 데는 질산염과 같은 비료처럼 이산화탄소도 필요하다. 식물은 기공이라는 잎 뒷면의 구멍을 통해 이산화탄소를 얻고, 기공을 닫아 수분 손실을 막는다. 이산화탄소를 흡입하기 위해 기공을 열면 수분 손실이 일어날 수밖에 없다. 공기 중 이산화탄소 농도가 높다면 잎은 기공을 많이 열지 않고도 이산화탄소를 충분히 얻을 수 있다.

그러나 식물 성장은 일반적으로 이산화탄소보다는 질산염과 같은 비료의 영향을 더 크게 받는다. 따라서 이산화탄소에 의한 비옥화는 식물 성장에 자극을 주는 방향으로만 진행된다. 산림과학자들은 이산화탄소를 숲속 바람의 반대 방향으로 방출하면서 이산화탄소의 비옥화 효과를 검토했는데, 이때 이산화탄소가 추가되지 않는 '통제된' 나무의 상대적 성장률을 측정했다. 스톤헨지와 같이 고리 모양으로 세워진 철탑들에서 바람 반대 방향으로 숲속에 매년 온종일 이산화탄소를 계속 불어넣는다고 상상해 보자. 일반적으로 나무는 몇 년 동안은 빨리 자라지만, 이후 성장 동력은 사라지고 성장률도 정상으로 떨어진다.

오늘날 육지 표면은 탄소 공급원이나 흡수원으로 작용하며 거의 균형을 이루고 있다. 예를 들어 삼림 벌채로 인한 방출은 예전에 '잃어버린 흡수원'으로 알려진 고위도 지역의 탄소 흡수를 통해 거의 균형을 이룬다. 공급원이 되든 흡수원이 되든 간에 다음 100년에 육지 탄소에서 어떤 일이 일어날지는 예측할 수 없다. 고위도 지역에서 이산화탄소를 계속 흡수할 수도 있고, 이산화탄소 비옥화 효과가 정체됨에 따라 점점 줄어들 수도 있다(그것이 현재 흡수되는 이유라면). 또는 기온 상승에 따라 토양에서 유기물을 분해하는 박테리아와 균류가 더욱 활발하게 활동하면서 육지에서 탄소가 과도하게 방출될 수도 있다. 열대지역의 토양에는 고위도 지역의 토양만큼 유기 탄소가 많이 포함되어 있지 않다. 따라서 열대 기후로의 전환은 결국 땅속 탄소 저장량을 감소시킬 것이다.

사람들이 땅을 어떻게 사용하느냐에 따라 토양의 탄소 저장 능력도 크게 달라질 것이다. 밭을 갈지 않는 무경간 농법과 순환 농법 등으로 농지의 탄소 저장량을 늘릴 수 있다. 물론 가장 많이 알려진 지구 온난화 해결책은 나무 심기다. 나무는 대기에서 얻은 탄소를 나무 줄기와 가지에 저장하지만, 나무가 지속적인 탄소 흡수원이 되려면 땅이 계속해서 숲으로 유지되어야 한다. 숲을 없앤 뒤에 다시 자라게 하도록 탄소 저장권을 주장하거나, 오늘 탄소 배출권을 주장하고 내년에 숲을 없애는 것은 말도 안 된다.

육지의 탄소 저장고가 수백 기가톤의 탄소를 흡수하거나 방출한다고 생각하기 쉽다. 그러나 화석 연료의 탄소 배출량이 석탄 매장량인 5천 기가톤에 근접하더라도 육지가 수천 기가톤을 흡수하기는 생각보다 매우 어렵다. 그러려면 탄소 저장고 용량을 2~3배 정도 늘려야 하는데, 오늘날로 말하자면 탄소 약 2천 기가톤에 달한다. 궁극적으로 육지 생물권의 탄소 흡수는 폐활량을 초과한다.

바다는 훨씬 더 큰 탄소 저장고다. 1세기 전에 기후 민감성을 예측하는 기후 모델을 처음 만든 아레니우스(1장 참조)는 인위적인 지구 온난화를 걱정하지 않았다. 그는 인류가 "석탄 광산을 대기로 증발시키고 있다"고 인식했지만, 인류의 산업이 대기 중 이산화탄소 농도를 2배 늘리는 데 천 년이 걸린다고 추정했다. 당시 이산화탄소 배출량을 근거로 본다면 합리적이고 보수적인 예측이었다. 그러나 이산화탄소 배출량은 그때부터 가파르게 증가해 왔다. 1896년 아레니우스가 예측한 대로라면 지금 우리가 처한 상황은 쓸데없는 걱정처럼 보일 것이다.

아레니우스와 동시대의 과학자들도 바다가 여분의 이산화탄소를 빠르게 흡수할 것이라고 가정했다. 바다는 지구 표면의 70%를 덮고 있다. 그리고 8km 정도 되는 대기 고도에 비해 4km 깊이로 대기보다 물리적으로 얇다. 바닷물은 온 사방을 흐르기 때문에 대기와 상당히 빨리 상호 작용할 것으로 기대해 봄직하다.

하지만 대기와 해양에서 이산화탄소를 교환하는 데 수백 년이 걸리는 것으로 드러났다. 해수면은 대개 따뜻하지만, 심해 바닷물은 대부분 매우 차갑다. 찬물의 밀도가 더 크기 때문에 따뜻한 물은 그 아래의 찬물과는 잘 섞이지 않는다.

남태평양 남부의 타히티섬 근처의 열대 수역에서 해양 관측선의 갑판에 서 있다고 상상해 보자. 공기와 표층수는 따뜻하지만, 발아래 수 킬로미터의 물은 매우 차갑다. 만약 스노클링을 한다면, 마지막으로 걱정해야 할 것은 최근 심해에서 뒤섞여 매우 차가워진 물을 뚫고 지나가는 것이다. 만약 수 킬로미터 떨어진 곳의 공기가 차갑다면 가끔 그런 일을 겪을 테지만, 바다에서는 차가운 물이 간단히 표면까지 올라올 수는 없다.

심해의 차가운 물은 고위도 지역인 북대서양과 남극대륙에서만 대기에 노출된다. 이 지역들은 지구 전체 지표의 70%가 아니라 단지 2~3%에 해당한다. 화석 연료의 이산화탄소가 심해로 유입되려면 아주 좁은 영역인 이곳을 통과해야만 한다. 그리고 화석 연료의 이산화탄소가 심해로 가라앉을 만큼 차갑거나 염분이 높은, 달리 말하자면 밀도가 큰 바닷물에 용해되어야 한다. 이런 고밀도의 물은 추운 날씨에서만 이따금씩 대기와 접하지 않는 해빙 아래에서 생성된다. 결론적으로 이산화탄소가 심해로 유입되는 데는 측정한 대로 수백 년이 걸릴 수 있다(그림 14).

지표 기후의 변화에 따라 해양의 순환이 수백 년 동안 정체되어 이산화탄소의 해양 유입이 늦어질 수 있다. 표층수가 심해로 계속하여 흘러 들어가려면, 과거에도 그랬듯 해수면 물의 밀도가 커야 한다. 만약 그린란드가 100년 안에 녹는다면, 북대서양에서 심층수의 형성이 멈출 것이다. 따뜻해진 표층수는 밀도가 감소한다. 또한 온난화로 인해 고위도 지역에 강우량과 강설량이 증가할 것이다. 만약 표층수의 염분이 줄어든다면 밀도는 한층 더 감소한다. 미래의 해양 순환

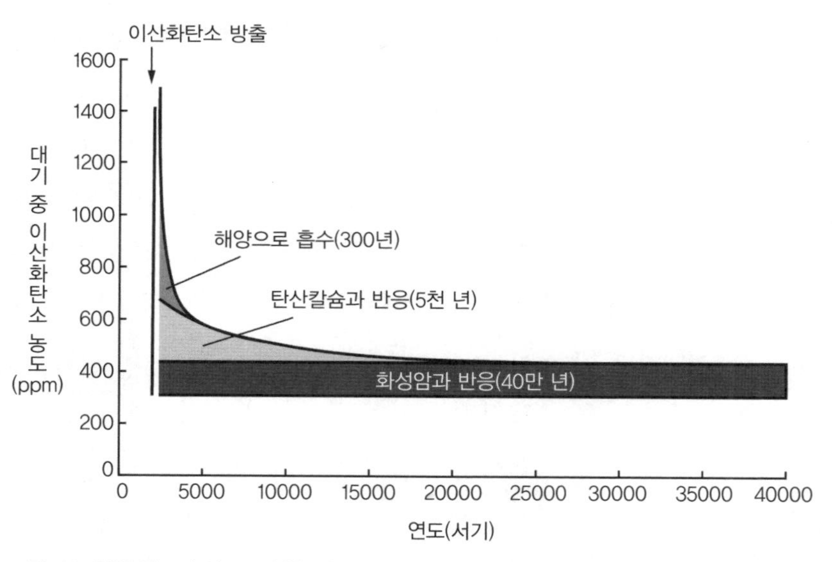

그림 14. 화석 연료의 연소로 인한 대규모 이산화탄소 배출 이후 4만 년 동안 대기 중 이산화탄소 농도에 대한 모델 계산. 이산화탄소 배출량의 감소 비율은 시간에 따라 다르다(Archer, 2005).

정체는 해양으로의 열 흐름을 늦추고, 기후 변화와 해수면 상승의 속도에 영향을 끼칠 것이다(12장 참조).

지난 수십 년 동안 해양은 화석 연료 이산화탄소 배출량의 약 3분의 1에 해당하는 연간 약 2기가톤의 화석 연료 탄소를 흡수했다. 현재 대기는 1750년의 대기보다 약 200기가톤의 탄소를 더 포함하고 있다. 따라서 해양은 매년 대기 중 과잉 이산화탄소의 200분의 2, 즉 1%를 흡수하고 있다. 만약 이산화탄소 흡수가 이 정도 속도로 유지되고 인간이 더는 이산화탄소를 배출하지 않는다면, 대기 중 이산화탄소 농도가 원래 값으로 돌아오는 데는 약 100년이 걸릴 것이다.

그러나 해양으로 유입된 이산화탄소는 해양의 화학적 성질을 바꿔 이산화탄소 흡수력을 감소시킨다. 해수에 용해된 이산화탄소는 탄산 이온[CO_3^{2-}]이라고 불리는 분자와 반응한다. '2-'는 탄산 이온이 -2가의 전하를 가지고 있음을 나타낸다. 이산화탄소와 탄산 이온이 반응하면 중탄산 이온[HCO_3^-]이 생성되며, 반응식은 다음과 같다.

$$CO_2 + CO_3^{2-} + H_2O \leftrightarrow 2HCO_3^-$$

결과적으로 대기 중으로 증발할 수 있는 이산화탄소가 증발할 수 없는 전하를 띤 분자, 즉 중탄산 이온으로 바뀐다. 소금도 전하를 띤 분자로 만들어진다. 소금물을 냄비에 끓였을 때 마른 냄비에 소금이 남아 있는 것이 그 증거다.

이산화탄소는 바닷물 속에서 눈에 보이지 않는 중탄산 이온으로 숨어 있다. 이산화탄소와 반응하는 탄산 이온이 있으면 바닷물은 이산화탄소를 훨씬 많이 저장할 수 있다. 이러한 화학 체계를 완충이라고 한다. 인간의 경우 숨을 내뱉을 때 근육에서 폐로 혈장을 통해 이산화탄소가 운반될 수 있도록 이와 같은 화학 작용을 이용한다. 산소는 그런 완충 작용을 하지 않으므로, 인간처럼 순환계를 가진 동물들은 혈액에 산소를 운반하는 헤모글로빈 분자가 필요하다. 해양에서 탄산 이온의 농도가 높다는 건 우리에게는 행운이다. 탄산 이온의 완충이 없다면 해양의 화석 연료 이산화탄소 흡수 능력은 보잘것없는 수준이기 때문이다.

바닷물이 받아들일 수 있는 이산화탄소의 양은 탄산 이온의 활용 가능성에 의해 제한된다. 대기 중 이산화탄소 농도가 증가하면 대기와 접촉하는 바닷물은 탄산 이온을 소모하기 시작한다. 완충의 세기가 약해지면 바닷물이 이산화탄소를 흡수하는 능력 또한 줄어든다. 이에 따라 바다의 이산화탄소 흡수 속도가 느려져 (대기 중 이산화탄소 농도가 원래 값으로 돌아오는 데) 100년이 아닌 수백 년이 걸리게 된다.

장기적으로 중요한 점은 완충의 세기가 약해지면 해양이 흡수하려는 화석 연료 이산화탄소의 총량이 줄어든다는 사실이다. 만약 해양이 무한정 크거나 또는 완충 작용이 무한정 강하다면, 바다는 결국 방출된 이산화탄소를 모두 빨아들일 것이다. 그러나 현재와 같은 상태에서 해양은 이산화탄소를 많이 흡수할 테지만 전부 그럴 수는 없다.

대기와 해양 사이에서 화석 연료 이산화탄소의 최종 분포를 예측하고자 몇몇 독립적인 모델화 연구가 진행되었다(표 1). 이 모델들은 대기와 해양이 어떻게 연결되고, 해양에서의 순환에 어떤 가정이 들어가고, 해양 탄소 순환에서 생물의 역할이 무엇인지 등에서 차이를 보인다. 하지만 모델들은 대기와 해양이 평형 상태에 도달한 후 대기

표 1. 퇴적물 피드백이 없을 때, 해양과 대기 사이에서 이산화탄소 평형 분포에 대한 모델 예측

	중간 1천~2천 기가 톤의 탄소	많음 4천~5천 기가 톤의 탄소
CLIMBER(Archer and Brovkin 2007)	22%	34%
HAMOCC(Archer 2005)	22%	33%
Lenton et al. 2006	21~26%	34%
Goodwin et al. 2007	24~26%	40%
GENIE(Ridgwell et al. 2007)		31%

중에 남아 있는 새로운 이산화탄소가 20~40% 정도일 것으로 파악하고 있다. 대기 중 공기와 바닷물이 반응성 암반의 지층이 아니라 비반응성인 실험실 테플론 플라스크 안에 들어 있다고 하면, 화석 연료 연소로 방출되는 이산화탄소는 영원히 대기 속에 남을 것이다.

궁극적으로 이산화탄소가 얼마나 많이 배출되는지가 중요하다. 이산화탄소가 많아져 해양이 더욱 산성화되면 이산화탄소 저장 능력은 줄어든다. 표 1에 따르면 이산화탄소 배출량이 많을 때를 4천~5천 기가톤으로 가정한다. 이는 석탄 가채량(지금의 채취 방법을 계속 실시하면서 현재 원가 수준으로 캘 수 있는 광업 자원의 매장량—옮긴이)에 대한 지질학자들의 추정값에 기초한다. 또한 10장에서 다룰 메테인 하이드레이트와 이탄(또는 도탄)에는 수천 기가톤의 탄소가 들어 있다. 대략 1천~2천 기가톤의 이산화탄소 방출량은 일반적인 시나리오에서 예상하는 2100년의 화석 연료 배출량과 비슷하다. 이 시나리오에는 땅속에 있는 상당량의 석탄이 제외된다.

실제로는 대기 중에 남아 있는 화석 연료 이산화탄소가 탄산칼슘과 반응하고 결국에는 화성암과 반응할 것이다. 이러한 화학 반응은 대기 중 이산화탄소 농도를 안정적이고 자연스러운 상태로 되돌린다. 이것이 다음에 오는 9장의 주제다.

앞으로 고려해야 할 문제는 빙기/간빙기 이산화탄소 순환과 관련된, 난해한 이산화탄소의 변화다. 지구 궤도의 변화가 빙상의 성장과 붕괴를 일으키는 주요인이지만, 탄소 순환도 궤도 변화에 대한 기후 응답을 어느 정도 증폭하고 있다. 그렇다면 지구의 탄소 순환이 지구 온난화를 증폭한다는 뜻일까? 10장에서 이 질문을 살펴볼 테지만, 답을 얻지는 못할 것이다.

이 장의 결론은 오늘날 해양이 이산화탄소를 얼마나 많이 용해하는지를 통해 알 수 있듯, 자연은 예상보다 더 느리게 화석 연료 이산화탄소를 흡수한다는 것이다. 해양의 탄소 순환 모델들은 해양으로 유입된 이산화탄소로 인해 해양의 화학적 성질이 변하면서 이산화탄소 추가 흡수가 제한된다는 사실을 보여 준다. 해양이 이산화탄소를 흡수하고 수백 년이 지나도 화석 연료 이산화탄소의 상당량이 대기에 남아 있을 것이다. 그리고 수천 년 동안 기후에 영향을 끼칠 것이다.

9장

해양 산성화가 불러오는 영향

인류는 이산화탄소로 바다를 산성화한다. 이에 대응하여 염기인 탄산칼슘은 육지와 바다에서 용해되어 해양의 pH(수소 이온 지수) 균형을 회복시킨다. 이 과정은 수천 년이 걸린다. 해양의 pH가 회복되면 해양의 화학적 변화로 대기 중 화석 연료 이산화탄소의 일부를 빨아들인다. 그러나 6장에서 설명한 대로, 탄소 순환 모델에 의하면 해양의 pH가 회복되어도 화석 연료 이산화탄소의 약 10%는 풍화 온도 조절기에 의해 소모될 때까지는 수십만 년간 대기에 남아 지구 기후를 안정시킬 것으로 보인다.

산성은 바닷물이나 빗물과 같은 물을 기본으로 하는 혼합물의 특성이다. 산성 용액에는 높은 농도의 수소 이온[H^+]이 들어 있다. 수소 이온은 금속, 암석, 생물학적 탄소 화합물을 비롯한 여러 종류의 화학 결합과 빠르고 거칠게 반응한다. 인간의 소화액은 산성이며 음식물의 화학 결합이 끊어지게 한다. 한편 배터리액은 산성도가 매우 높으며 반응성이 있어 위험한데, 몸에 튀기라도 하면 화상을 입을 수 있다.

물 분자에서 수소 이온이 빠져나가면 수산화 이온[OH^-]이라는 잔여물이 남는다.

$$H_2O \leftrightarrow H^+ + OH^-$$

수산화 이온 농도가 높은 용액을 염기라고 한다. 강염기 용액은 강산과 마찬가지로 반응성이 크다. 배수구 정화제는 강염기의 대표적인 예다.

산이 염기와 섞이면 수소 이온과 수산화 이온이 결합하여 물을 형성하는데, 위의 반응식의 오른쪽에서 왼쪽으로 진행된다. 이것을 중화 반응이라고 한다. 수소 이온과 수산화 이온이 함께 반응하기 때문에, 바닷물과 같이 물을 기반으로 하는 용액은 수소 이온이나 수산화 이온이 높다. 즉 산성 또는 염기성일 수 있지만 동시에 두 가지일 수는 없다.

물 시료의 산성도는 pH로 측정한다. pH가 낮은 용액은 산성, 높은 용액은 염기성이다. pH가 7 근처인 용액은 중성이며, 수소 이온과 수산화 이온의 수가 같다. 배터리액의 pH는 1 또는 그 이하이며, 물에 녹인 배수구 정화제의 pH는 14 또는 그 이상이다. 자연수(바다, 호수, 강, 땅속 등에 자연적으로 있는 물—옮긴이)는 전형적으로 매우 약한 산성인 약 5에서부터 약간 염기성인 9까지의 범위를 가진다. 바닷물은 pH가 7~8 정도로 약간 염기성을 띤다.

해양은 이산화탄소가 유입되면 더욱 산성화된다. 이산화탄소는 물과 결합하여 탄산[H_2CO_3]을 만들어 바닷물의 pH에 영향을 끼친다.

$$CO_2 + H_2O \leftrightarrow H_2CO_3$$

탄산은 수소 이온을 방출하고 중탄산 이온을 남기므로 산성이다. 증류수와 이산화탄소로 이루어진 빗물은 구름 방울에 용해되는 이산화탄소의 산성도 때문에 약간 산성을 띤다. 이산화탄소가 포함된 대기는 자연스럽게 자연수의 산성화에 영향을 미친다.

화학식이 $CaCO_3$인 석회암은 화학적으로 염기다. 석회암은 용해되면서 칼슘 이온과 탄산 이온을 생성한다.

$$CaCO_3 \rightarrow Ca^{2+} + CO_3^{2-}$$

탄산 이온은 용액으로부터 수소 이온을 가져와 pH가 중성인 형태의 중탄산 이온으로 전환된다.

$$CO_3^{2-} + H^+ \rightarrow HCO_3^-$$

염기로 작용하는 탄산 이온이 중탄산 이온[HCO_3^-]으로 전환되는 과정에서 수소 이온이 소비되기 때문에 용액의 산성도가 중화된다. 뱃속에 위산이 과다할 때 제산제를 먹고 중화하는 것과 비슷하다.

이산화탄소는 탄산 이온과 반응하여 바닷물에 용해된다(8장 참조).

해양이 산성화되면 탄산 이온이 모두 소모되고, 해양에 더 녹아들 수 있는 이산화탄소의 양이 감소한다. 탄산칼슘 용해는 해양의 탄산 이온 농도를 자연적인 값으로 복원하는 역할을 한다. 탄산 이온 농도의 복원은 본질적으로 해양의 pH를 원래 값으로 복원하는 것과 같다.

따라서 해양의 석회암[$CaCO_3$] 중화 반응은 대기 중 이산화탄소를 줄이는 두 번째 단계가 된다. 이산화탄소 유입은 탄산 이온을 고갈시키고, 탄산칼슘 용해는 탄산 이온을 복원한다. 중화된 해양은 산성화된 해양보다 이산화탄소를 더 많이 저장할 수 있다. 탄소 순환 모델에 따르면 중화 반응 완료 이후에도 화석 연료 이산화탄소의 약 10%가 대기에 여전히 존재한다고 예측된다(표 2).

해양 산성화는 탄산칼슘으로 껍질 또는 다른 하부 조직을 만드는 생물체에 치명적인 영향을 끼친다. 이산화탄소 농도가 너무 높아지면 탄산칼슘은 화학적으로 불안정해진다. 5,500만 년 전 팔레오세-에오세 최대온난기 동안 바다의 산성화로 탄산염으로 이루어진 해양 생물이 멸종한 바 있다(6장 참조).

폐쇄된 환경과 자연 세계에서 이산화탄소의 농도가 증가하면 산호가 탄산칼슘을 더욱 천천히 생성한다는 사실이 관찰되었다. 산호초의 성장은 항상 시간과 자연 파괴에 맞선 경주였다. 산호초는 먹이를 찾아 탄산칼슘에 구멍을 내는 유기체의 지속적인 공격을 받는다. 파도, 폭풍, 인간의 활동으로도 산호초는 조각조각 부서지고 있다. 산호초를 형성하는 물질의 생산 속도가 천공 동물(목재·암석·패각 등에 구멍을 뚫고 그 속에서 생활하는 동물의 총칭-옮긴이)과 자연적 침식에 의한 파괴 속도보다 느려지면 산호초는 파괴된다.

표 2. 대기, 해양, 암석 풍화, 퇴적 작용을 포함한 탄소 순환 모델로부터 대기 중 화석 연료 이산화탄소의 장기 수명에 대한 모델 추정값

	이산화탄소의 대기 중 비율			온도(℃)		
	정점	1천 년	1만 년	정점	1천 년	1만 년
탄소 1~2천 기가톤 방출 시						
CLIMBER(Archer and Brovkin 2007)	52%	29%	14%	4.5	3.1	1.8
HAMOCC(Archer 2005)	58%	24%	11%	4.9	2.7	1.4
Lenton et al. 2006	55%	18%	11%	4.7	2.1	1.4
탄소 4~5천 기가톤 방출 시						
CLIMBER(Archer and Brovkin 2007)	67%	57%	26%	8.4	7.8	5.2
HAMOCC(Archer 2005)	60%	33%	15%	8.0	5.9	3.7
Lenton et al. 2006	72%	15%	12%	8.6	3.7	3.2
GENIE(Ridgwell et al. 2007)	50%	34%	12%	7.4	6.0	3.2
Tyrrell et al. 2007	70%	42%	21%	8.6	6.7	4.6

오늘날 지구상의 산호초를 위협하는 것은 해양 산성도뿐만이 아니다. 산호는 온도 변화에 매우 민감하다. 바닷물 온도가 한곗값 이상으로 상승하면 산호초는 황록공생조류*zooxanthellae*라고 불리는 공생하던 조류를 방출한다. 광합성을 하는 조류는 산호(인간과 마찬가지로 광합성을 할 수 없는 동물)의 먹이다. 또한 황록공생조류는 산호와 산호초에 특별한 색깔을 제공한다. 그런데 황록공생조류가 방출되면 산호는 영양을 공급받지 못해 석회질이 되어 탈색되고 하얗게 죽어가는데, 이를 '백화 현상'이라고 한다. 때로는 조류가 온도에 내성을

갖는 다른 종으로 대체된다. 그러나 백화 현상은 어쩔 수 없이 선택해야 하는 마지막 수단이며, 결국 산호의 죽음으로 이어진다.

산호는 바닷물의 투명도에도 민감하다. 너무 혼탁한 바다에서는 산호의 광합성 조류가 광합성을 하지 못한다. 한편 영양염류가 많을수록 조류가 빠르게 성장해 빛을 가리기 때문에, 산호는 영양염류가 매우 낮은 해역에서 가장 잘 자란다. 산호가 직면하는 또 다른 위협은 바다로 흘러든 농작물 비료에 의해 플랑크톤 성장이 자극되는 것과 토양 침식으로 인해 바다로 흘러든 물이 혼탁해지는 것 등이다.

육지에서 멀리 떨어진 외해에는 석회비늘편모류*coccolithophore*라는 탄산칼슘 껍질을 가진 작은 플랑크톤이 산다. 많은 종류의 플랑크톤은 광물질 껍질로 몸을 둘러싸서 포식자의 공격에 대비한다. 석회비늘편모류의 껍질은 공 모양의 세포 바깥쪽에 작은 종이판처럼 둘러싸여 있다. 석회비늘편모류의 탄산칼슘 생산 속도를 통해 석회비늘편모류가 자신이 살고 있는 바닷물의 탄산 이온 농도 변화에 민감하다는 사실을 알 수 있다.

석회비늘편모류는 환경과 탄소 순환에서 많은 역할을 한다. 석회비늘편모류의 탄산칼슘 껍질은 심해저에 탄산칼슘을 퇴적시키는 주요 방법 중 하나다. 해양 상부에서 탄산칼슘 껍질의 판은 빛을 강하게 산란시켜 우주에서도 보일 만큼 커다란 코콜리스 꽃을 만들고, 이를 통해 해양의 반사율과 지구의 에너지 균형이 바뀌게 한다. 또한 석회비늘편모류는 디메틸설파이드dimethyl sulfide라는 용존 기체를 생성한다. 이 기체는 대기로 증발하여 멀리 떨어진 해양 지역에서 구름의 물방울 입자 크기를 바꾼다.

이 장의 뒷부분에서 논의하겠지만, 해저에 퇴적된 탄산칼슘은 화석 연료 이산화탄소의 중화 반응에서 중요한 역할을 한다. 가라앉는 탄산칼슘에 죽은 플랑크톤의 저밀도 조직이 붙으면 심해로 가라앉을지도 모른다. 이 물질은 심해의 거의 모든 외래 생물군의 식량원이 된다. 100만 년이라는 시간 동안 퇴적물에 매장된 플랑크톤 조직들은 대기 중 산소의 원천이기도 하다.

바닷물의 산성도가 강해지면 어류를 비롯한 해양 동물들은 그에 민감해진다. 예를 들면 어류는 산성비에 민감하다. 이산화탄소를 통한 해양 산성화와는 달리, 산성비는 석탄 연소와 내연 기관에서 나오는 황산과 질산 부산물의 침전을 의미한다. 미국 중서부 지역의 석회암 지대에 산성비가 내리면 탄산칼슘이 녹아 산을 중화한다. 미국 동북부와 스칸디나비아와 같이 석회암이 없는 곳에서는 산성비에 의해 지하수와 하천이 산성화된다. 산성화된 물은 알루미늄을 용해시키고, 이는 어류에는 독이 된다.

어류도 이산화탄소 농도 증가로 인한 산성도에 민감하지만, 이 경우 이산화탄소는 산 이상으로 중요하다. 인간이 폐에서 이산화탄소를 내보내듯 어류도 아가미로 호흡하며 이산화탄소를 내보낸다. 실험에 따르면, 어류는 산성비와 같은 황산이나 질산에 의한 산성도 변화보다 이산화탄소로 인한 산성도 변화에 더 민감하다. 일반적으로 어류는 산호나 석회비늘편모류와 같이 탄산 이온을 방출하는 해양 생물만큼 해양 산성화로 위험해지지 않는다.

탄산칼슘이 화석 연료 이산화탄소를 중화하는 데는 수천 년이 걸릴 수 있으며, 중화 반응은 해양에서 탄산칼슘의 자연적 순환의 일환으로 일어날 것이다. 육지의 풍화 작용으로 용해된 탄산칼슘은 강물에 의해 바다로 운반된다. 위에서 언급한 대로 탄산칼슘은 산호나 석회비늘편모류와 같은 플랑크톤에 의해 고체로 재형성되고 해저에 쌓이면서 해양으로부터 제거된다. 탄산칼슘이 제거되는 양보다 해양으로 더 많이 유입되면, 과잉 용해된 탄산칼슘이 이산화탄소와 반응한다. 즉 해양에서의 탄산칼슘 순환이 화석 연료 이산화탄소를 중화한다.

육지의 탄산칼슘 용해 속도는 용해된 탄산칼슘을 운반하는 신선한 빗물의 유용성에 따라 달라진다. IPCC의 예측에 따르면 강우량은 전 지구적으로 평균 약 3~5% 증가하며, 이에 따라 소량의 탄산칼슘만 추가로 분해될 것이다. 육지의 탄산칼슘이 용해되어 바다로 유입되면 산성화된 해양은 수천 년에 걸쳐 천천히 중화될 것이다.

이산화탄소를 중화하는 탄산칼슘의 또 다른 공급원은 해저의 퇴적물이다. 탄산칼슘은 해저에 눈 덮인 산처럼 분포되어 있다. 흰색의 탄산칼슘은 바다의 얕은 가장자리와 중앙 해령의 산꼭대기, 그리고 심해 계곡 아래의 어둡고 진흙이 풍부한 퇴적물 위에 쌓여 있다. 이런 탄산칼슘의 분포 형태는 1947년 스웨덴 심해 탐사라고 불리는 세계적 항해를 통해 최초로 밝혀진 해저 지형 중 하나다.

앞으로 수백만 년 후 미래의 스웨덴 심해 탐사대는 퇴적물 코어 시료 중 탄산칼슘이 결핍된 점토층에 지금 시대를 표시하게 될 것이다. 해저에 쌓인 탄산칼슘이 용해되고 나면 진흙이 남는다. 결과적으로 퇴적물 표면은 탄산칼슘의 추가 용해를 낮추는 점토로 덮인다. 이러한 점토층은 6장에서 설명한 팔레오세-에오세 최대온난기의 퇴적물에서 발견되었다. 그 당시에 자연적으로 방출된 이산화탄소는 해양의 탄산칼슘 퇴적물을 감소시켰고, 미래에는 화석 연료 이산화탄소도 마찬가지일 것이다.

해양 산성화는 해양의 탄산칼슘 순환을 교란하며, 더 나아가 중화 반응에도 영향을 미친다. 해양이 산성화되면 산호와 석회비늘편모류에 의한 탄산칼슘 생성이 느려질 것이다. 탄산칼슘 생성이 줄어들면 퇴적되는 양이 줄어들고, 탄산칼슘 순환의 균형도 깨진다. 석회비늘편모류와 산호는 화석 연료 이산화탄소를 중화하는 역할에 충실할 것이다. 일단 해수면에서 탄산칼슘이 생성되면, 영구적으로 제거되기 전에 해저에 가라앉아야 한다. 산성화된 해양에서는 탄산칼슘이 가라앉는 것보다 많이 녹게 되며, 이 또한 탄산칼슘 순환의 불균형에 기여할 것이다.

해양에서 탄산칼슘이 생성되고 해저에 축적되는 속도는 화석 연료 이산화탄소가 방출되는 속도보다 거의 100배 느리다. 따라서 중화 반응이 산성화를 따라잡는 데는 꽤 시간이 걸릴 것이다. 탄소 순환 모델이 완료되는 데는 2천~1만 년이 걸릴 것으로 추정한다.

오늘날의 해양은 자연적으로 진행되던 것보다 더욱 강하게 산성화될 것이다. 현재 대기 중 이산화탄소 농도가 예전에 자연적이었던 것보다 훨씬 빠르게 변하고 있기 때문이다. 빙하 주기 동안의 대기 중 이산화탄소 변화는 탄산칼슘이 중화되는 데 수천 년이 걸릴 정도로 느렸다. 이산화탄소가 빙하기의 농도에서 자연적인 간빙기 농도까지 증가하는 데는 약 1만 년이 걸렸다. 팔레오세-에오세 최대온난기(5,500만 년 전, 8장 참조)를 촉발한 이산화탄소 상승이 얼마나 오래 걸렸는지 알기는 조금 어렵지만, 1만 년은 족히 걸렸을 것이다.

이에 반해 오늘날 대기 중 이산화탄소는 100년 단위로 상승하고 있다. 탄산칼슘의 중화 반응이 계속 유지될 만큼 이산화탄소가 천천히 방출되면 산성 스파이크, 즉 최대 정점이 나타나지 않는다. 지금의 문제는 이산화탄소가 너무 빨리 증가해서 자연적인 중화 메커니즘이 일시적으로 위축된 탓이다.

이 산성 스파이크의 강도는 50만 년이 넘는 빙하 코어 기록을 살펴봐도 전례가 없다. 약 6,500만 년 전 인도에서 화산 분출로 데칸용암대지Deccan trap라는 50만 km^2의 화산암 지대가 만들어졌고, 상당량의 이산화탄소가 방출되었다. 그러나 화산 폭발은 수백만 년에 걸쳐 일어났다. 나는 과거의 대기 중 이산화탄소 농도가 현재처럼 빠르게 변화했다는 증거는 불명확하다고 생각한다.

수백만 년 전에 대기 중 이산화탄소 농도가 오늘날보다 10배 높았던 때가 있었다. 만약 인간이 이산화탄소 농도를 한 번에 10배로 늘린다면, 해양의 탄산 이온 농도가 약 10배 감소하고 심각한 산성화가 일어날 것이다. 하지만 과거의 심해에는 탄산칼슘이 퇴적되고 있었기 때문에 해양은 그렇게 산성화되지는 않았을 것이다. 이 수수께끼의 답을 생각해 보자. 아마도 지질학적 과거에는 오늘날과는 달리 대기 중 이산화탄소가 수백만 년에 걸쳐 천천히 증가했고, 탄산칼슘 순환으로 바다가 중성으로 유지되었을 것이다.

대기 중 이산화탄소의 수명이 길다는 것은 지구 온난화가 그만큼 오랫동안 이어진다는 것을 의미한다. 다양한 탄소 순환 모델의 연구로부터 지구 온난화가 어떻게 그리고 얼마간 이어질지에 대한 추정값은 표 2에 요약되어 있다. 연구들의 결론은 매우 유사하다.

먼 미래에 예상할 수 있는 온난화는 이산화탄소를 얼마나 많이 배출하는가에 달려 있다. 앞 장에서 가정한 바와 같이, '적당한 규모'의 이산화탄소 배출량은 1천~2천 기가톤이다. 평상시대로 한다면 100년 이내에는 도달할 수는 있겠지만, 땅속에는 아직 화석 연료가 남아 있다. '대규모' 이산화탄소 배출량은 4천~5천 기가톤이며, 모두 화석 연료에서 배출된 탄소다.

지구 평균 온도는 수백 년 동안 최댓값을 기록할 것이며, 배출되는 탄소량에 따라 아마도 5~8℃까지 상승할 것이다. 이런 예측에서는 기후 온난화에 대한 대응이 완전히 끝나는 데 100~200년이 걸린다고 보기 때문에, IPCC의 2100년 전망보다 지구가 더욱 온난해진다. 2100년 전망에서는 대기 중 과잉 이산화탄소로 말미암아 발생할 수밖에 없는 추가적인 온난화가 아직 남아 있다.

모든 모델은 대기 중 화석 연료 이산화탄소 농도가 긴 꼬리를 남길 것으로 예측한다. 이산화탄소 분자는 대기, 해양, 육상 생물권 사이에서 지속적으로 교환되기 때문에, 천 년 또는 만 년 후의 대기 중 과잉 이산화탄소는 석탄에서 나온 이산화탄소 분자와 완전히 같지 않을 수 있다. 그러나 모델에 따르면 지금처럼 이산화탄소가 방출되면 대기 중 화석 연료 이산화탄소의 양은 더 늘어난다.

연구마다 탄산칼슘 중화 반응이 일어나는 예상 시간이 1천~2천년 또는 5천~1만 년으로 다르지만, 이러한 차이가 최종 결론에 영향을 미치지 않는다. 모든 연구는 화석 연료 이산화탄소의 약 10~12%가 1만 년 후에도 여전히 대기 중에 남아 있을 것으로 예측한다. 대기 중에 남은 이산화탄소는 6장에서 설명한 '풍화 온도 조절기'인 화성암과의 반응을 기다려야 한다.

대기 중 화석 연료 이산화탄소의 수명이 길기 때문에 지구 온난화도 오래도록 지속된다. 적당한 양의 이산화탄소 배출로 천 년 동안 지구가 3℃ 더 따뜻해졌지만, 많은 양의 이산화탄소 배출은 만 년 동안 지구를 자연적인 온도보다 3℃ 더 높일 수 있다. 궁극적으로 지구 온도가 3℃ 올라가면 그린란드 빙상은 녹을 것이다. 만약 인류가 석탄을 모두 태운다면, 지구 온난화에 대한 응답이 가장 느렸던 그린란드 빙상 모델(느린 빙상 모델에 대한 자세한 설명은 11장 참조)조차도 녹을 만큼 지구 온난화는 충분히 오래 이어질 것이다.

일련의 사건들은 다음과 같은 순서로 일어난다. 먼저 이산화탄소가 대기 중에 방출된다. 수백 년에 걸쳐 이산화탄소 대부분은 해양으로 들어가고 15~55%가 대기 중에 남는다. 해양으로 들어간 이산화탄소는 해양을 산성화하여 산을 중화하는 탄산칼슘 순환의 불균형을 유발한다. 해양의 pH는 아마도 2천~1만 년 정도 후에 회복된다. 모델들은 화석 연료 이산화탄소의 10% 정도가 수십만 년 후에도 대기 중에 머물 것으로 예측한다.

해양이 너무 많은 산을 흡수한다면 산호와 같이 탄산칼슘을 분비하는 생명체들은 사라질지도 모른다. 산호가 대표적이지만, 바다에는 해양 탄소 순환의 핵심 요소인 탄산칼슘을 분비하는 미세한 조류도 있다. 이러한 조류 중 대부분은 6장에서 설명한 팔레오세-에오세 최대온난기 및 백악기/제3기 경계에서 발생한 기후 변동으로 멸종되었다. 대기 중 이산화탄소 농도가 과거보다 빠르게 증가하고 있으므로, 이산화탄소에 의한 급격한 산성화는 과거보다 더 혹독할 것이다.

10장

탄소 순환은 기후 변화를 재촉할까?

8장과 9장에서 소개한 탄소 순환은 일반적으로 기후에 대한 영향을 완화하는 데 도움이 된다. 해양은 몇백 년 동안 화석 연료 이산화탄소의 대부분을 받아들였으며, 남은 이산화탄소의 일부도 움직임을 잘 파악해서 예측할 수 있다. 다만 탄소 순환이 너무 느려서 혼란을 수습할 수 없다는 것이 불만스러울 뿐이다.

빙하 코어와 다른 기후 기록에 따르면 실제 탄소 순환은 다른 면을 띤다. 즉 탄소 순환이 궤도 변동으로 유발된 기후 변화를 조절하는 게 아니라 부채질하는 듯 보인다. 또한 시간이 흐르면 탄소 순환은 미래의 지구 온난화를 증폭할지도 모른다.

과거에 온난화로 말미암아 대기 중 이산화탄소가 증가한 적이 여러 번 있었다. 이산화탄소 증가는 지구를 따뜻하게 하므로 온도와 이산화탄소의 상호 작용을 떼어놓고 생각하기는 힘들다. 그러나 여기서 얘기하고 싶은 것은 자연적인 온도 변화 또한 이산화탄소의 변화를 초래한다는 점이다. 원인과 결과의 순환 고리를 생각하면, 기후를 더욱 불안정하게 만드는 피드백이 도출된다.

하나의 예는 5장과 그림 8에서 나타난 빙하기 말의 온난화와 이산화탄소 농도의 상승이다. 빙상이 녹으면서 대략 1만 년 동안 대기 중 이산화탄소 농도는 빙하기의 200ppm에서 간빙기의 약 260ppm으로 상승했고, 궁극적으로는 그 값이 몇 세기 전까지 약 280ppm으로 천천히 상승했다. 전환기가 끝날 무렵 이산화탄소 농도 변화는 빙하기와 간빙기 사이의 온도 차이 중에서 절반 정도를 설명할 만큼 충분히 컸다. 온도 변화의 나머지 부분은 햇빛을 우주로 다시 반사하는 (얼음-알베도 효과) 빙상 대신에, 들어오는 햇빛을 흡수하는 맨땅에서 일어났다.

그린란드와 남극대륙 모두 기온이 상승했지만, 시기는 완전히 일치하지는 않았다. 빙하기의 끝은 지구 궤도의 느린 변화로 시작됐으며, 북반구에서 더 따뜻한 여름 햇살이 이어졌다. 그러나 실제 온난화는 남극대륙에서 처음 시작되었으나 이내 멈췄고, 그린란드에 갑작스러운 온난화가 찾아왔다. 북반구에서 천 년간의 온난기가 지나갈 즈음에 영거 드라이아스의 한랭기가 찾아왔으며, 그때 남극에서는 다시 온난화가 진행되었다.

남극대륙의 온난화는 이산화탄소가 상승하기 수백 년 전부터 시작되었다. 기후 변화 반대론자들은 온도가 이산화탄소에 영향을 미치므로 이산화탄소가 기온을 높이지 않는다고 주장한다. 어리석은 주장이다. 이산화탄소와 온도 사이의 인과 관계는 쌍방향일 수 있다. 남극의 초기 온난화는 지구 궤도 또는 해양 순환 형태의 변화로 말미

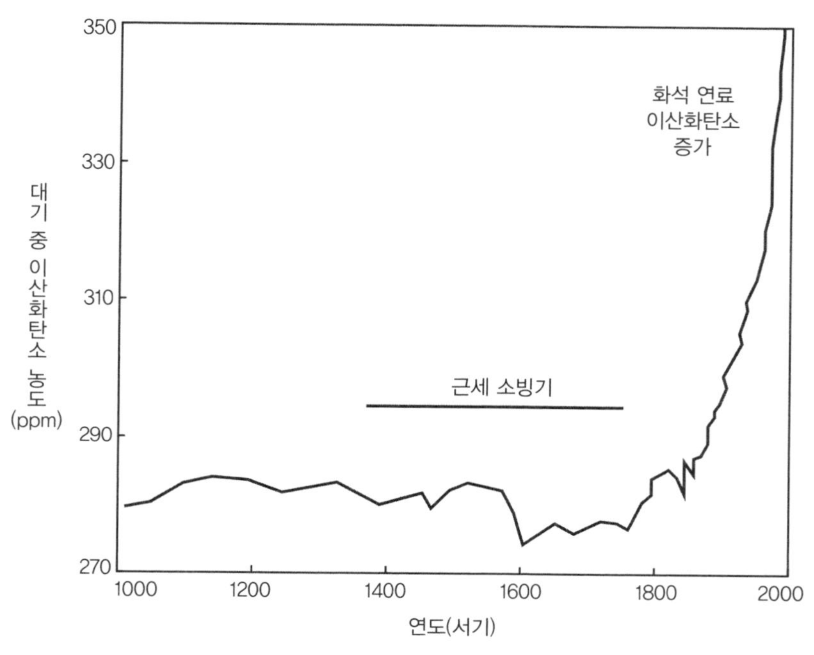

그림 15. 남극대륙 테일러 돔 빙하 코어로부터 측정한 지난 천 년 동안의 대기 중 이산화탄소 농도

암아 발생했을지 모른다. 이산화탄소 증가로 초기 온난화가 증폭된 탓에, 빙하기 종료에 관련된 온난화는 대부분 이산화탄소 증가 이후에 일어난 것으로 보인다.

온도가 이산화탄소 변화를 가져온다는 또 다른 예는 근세 소빙기다(4장 참조). 서기 약 1300년에서 1860년까지 계속된 이 한랭기는 태양 흑점이 없었던 마운더 극소기와 관련된다. 태양 흑점 관측과 태양 강도에 대한 탄소-14 및 베릴륨-10의 대용 자료를 통해 기후과학자들은 차가운 태양이 차가운 지구의 원인이라고 추측했다. 이 기간에 대기 중 이산화탄소 농도가 5~10ppm 정도 감소했다(그림 15). 이 정도의 이산화탄소 변화는 근세 소빙기와 관련된 냉각의 대략 3

분의 1에 해당할 것이다.

이 두 가지 예에서 온도 변화는 대부분 빙하기 끝 무렵의 궤도 변화나 근세 소빙기 동안의 차가운 태양과 같은 외부 기후 강제력으로 일어났다. 대기 중 이산화탄소는 온도 변화에 응답하여 빙하기 끝에 더 따뜻해지고 근세 소빙기에는 더 추워지도록 온도를 바꾸었다. 즉 이산화탄소는 외부 기후 강제력을 증폭하며, 기온이 1℃ 올라갈 때마다 대기 중 이산화탄소 농도가 10~50ppm 증가하는 것과 일치한다. 초기 1℃의 온도 상승으로 증가한 이산화탄소 농도로 0.1~0.7℃의 온도 상승이 유발된다.

향후 100년 동안 탄소 증폭의 근원이 될 만한 것은 아무래도 육지의 지표, 즉 삼림과 토양이다. 오늘날 지표는 탄소 공급원 또는 흡수원의 역할을 한다. 열대지방 삼림 벌채로 인한 탄소 배출은 고위도 지역 '잃어버린 흡수원'의 탄소 흡수로 상쇄될 수 있다(8장 참조). 탄소의 자연적 흡수는 대기 중 이산화탄소 농도 증가로 인해 길어진 식물의 생장 기간이나 직접적인 비옥화의 결과일 수 있다. 아니면 산성비의 질산 성분으로 인한 비옥화일 수도 있으나 아직은 알 수 없다.

한편 토양에서의 호흡 속도가 증가하면, 육상 생물권은 반대로 작용하여 미래에 탄소를 방출할 수도 있다. 토양의 유기 탄소는 대부분 이파리와 뿌리 같은 식물성 물질에서 비롯된다. 토양에 얼마나 많은 양이 축적되느냐는 식물이 얼마나 빨리 자라는지, 또 유기 물질이 얼마나 빨리 분해되는지에 달려 있다. 토양의 유기 탄소는 토양 박테리아와 곰팡이에 의해 분해되는데, 온도가 따뜻할 때 분해 속도가 더 빠른 편이다. 열대지방의 토양에서는 탄소가 급격히 분해되므로 고

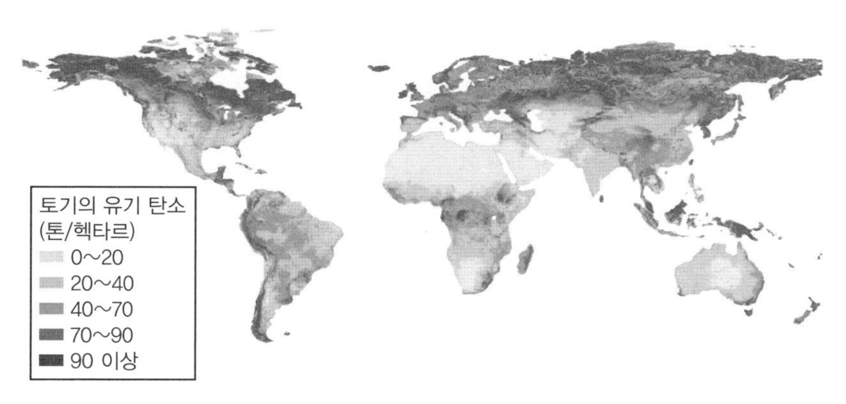

그림 16. 토양의 유기 탄소 농도 분포도. 차가운 토양일수록(어두운색일수록) 탄소를 더 많이 저장한다(ISLSCP Initiative II, NASA).

위도의 토양보다 유기 탄소가 당연히 적다(그림 16). 열대지방과 툰드라 지역에서 며칠 동안 땅 위에 햄 샌드위치를 놓아두었다고 생각해 보자. 어느 것이 더 먹을 만할까?

영구동토층은 기후 변화에 관한 뉴스 및 서적에 빈번하게 등장한다. 북극에서 동토층의 융해가 이미 지표 변화에 뚜렷한 영향을 끼치고 있기 때문이다. 영구동토층의 토양에는 종종 얼어서 분해되지 않은 유기 탄소가 많이 남아 있다. 특히 이탄이라 불리는 거의 순수한 유기 물질의 퇴적층이 있다. 땅속 이탄이 오랜 시간 지열로 구워지면 석탄이 된다. 북극 영구동토층의 이탄은 해빙되면 분해되기 시작한다. 이탄에는 수천 년 동안 얼어 있었음에도 해빙되자마자 박테리아 집단으로 번성하고 생존할 수 있는 미생물 포자가 포함되어 있다. 이탄이 분해되면 온실가스인 이산화탄소와 메테인의 혼합물이 빠져나온다.

토양의 탄소 호흡에 미치는 온도의 영향이 기후 모델에 포함되면,

그 효과는 원래의 지구 온난화 강제력을 증폭한다. 얼마나 강하게 응답할는지 예측하기 쉽지 않기 때문에 아주 확실한 추정은 아니라고 해도, 모델 예측 자체는 그 피드백이 중요할 수 있다.

지구 생물권은 수십 년 또는 한 세기 동안 기후에 응답할 수 있다. 궁극적으로 육상에서 일어날 수 있는 증폭의 정도는 가용한 토양 속 탄소의 양인 약 2천 기가톤 정도로 제한된다. 석탄에는 5천 기가톤의 탄소가 있고 그 전부를 연소시키더라도, 토양 속 탄소는 기껏해야 가용량의 절반, 즉 1천 기가톤 정도가 증폭에 영향을 줄 것이다. 따라서 지구 생물권은 단기적으로는 중요한 탄소 증폭기가 될 수 있지만, 장기적으로 증폭에 제공하는 탄소의 양은 제한적이다.

그림 15의 빙하 코어 데이터 분석 결과는 이산화탄소 피드백이 원래 온난화를 15~80% 증가시킬 수 있다는 사실을 담고 있다(참고문헌의 Scheffer 논문 참조).

8장에서 논의한 대로, 오늘날 해양은 대기로부터 화석 연료 이산화탄소를 흡수하고 있다. 좀 더 긴 시간으로 보면 해양이 기후 온난화에 응답하여 대기 쪽으로 탄소를 공급하기 시작할지도 모른다.

해수에 용해되는 이산화탄소의 양은 온도에 따라 달라진다. 다른 기체들과 마찬가지로 이산화탄소는 물이 따뜻해지면 물에서 빠져나오려는 경향이 있다. 차가운 수돗물이 든 유리잔을 햇볕이 쬐는 곳에 놓아두면 온도가 올라가면서 물에 녹아 있던 기체가 빠져나와 유리잔 벽에 기포를 만든다. 해양 탄소 순환에 대한 단순한 계산이든 좀 더 복잡한 모델 계산이든 간에 해양이 1℃ 따뜻해질 때마다 대기 중 이산화탄소가 약 10~15ppm 증가할 것으로 예측한다.

빙하기가 끝날 때 증가하는 대기 중 이산화탄소(그림 8)는 아마도 바다에서 왔을 테지만, 바다가 어떻게 이런 재주를 부리는지는 확실하지 않다. 이산화탄소의 커다란 변화는 이산화탄소의 용해도에 미치는 온도의 영향만으로는 설명하기 어렵다. 이산화탄소 증가의 일부는 해양 순환의 변화 때문일지도 모른다. 과학자들은 빙하기의 해양 순환이 오늘날의 해양 순환과 어떻게 다른지는 잘 알고 있지만, 앞으로 변화할 수 있는 만큼 해양 순환 예측을 어려워한다.

더 먼 과거인 약 5만~3만 년 전 빙하기가 한창일 때, 심해의 온도에 대한 대용 자료들은 비교적 따뜻한 기간이 약 5천 년 정도 지속되었음을 보여 준다. 이 온난화는 대기 중 이산화탄소 농도의 상승과 관련이 있다(그림 8). 이러한 사건에서 이산화탄소 증가는 이산화탄소 용해도에 대한 온난화 효과와 일치한다.

깊은 바다를 데우는 데 오랜 시간이 걸리는 만큼 해양은 육상 생물권보다 탄소 피드백이 느리다. 해양에서 탄소 증폭이 완전하게 일어나는 데는 수천 년이 걸릴 수 있다. 해양 온난화가 탄소 수지에 미칠 잠재적 영향을 간단히 계산해 보면, 그다지 끔찍해 보이지는 않는다. 그러나 마지막 빙하기가 끝날 무렵에 일어난 이산화탄소 증가에 대해서는 납득하기도 힘들 뿐더러 미래를 예측하기도 어려울 것이다.

가장 큰 잠재적 이산화탄소 증폭기가 아마도(바라건대) 가장 느리다. 지구상에는 엄청난 양의 탄소가 메테인이라는 화학적 형태로 존재하며, 포접 화합물(클래스레이트) 또는 하이드레이트로 불리는 물-얼음 형태로 동결되어 있다. 하이드레이트, 즉 수화물은 물과 거의 모든 기체로부터 형성될 수 있다. 화성에는 이산화탄소 하이드레이트로 존재하지만, 지구에서는 대부분의 하이드레이트가 메테인으로 채워져 있다. 그리고 그중 대다수는 바다의 퇴적층에 분포하지만, 일부는 영구동토층의 토양에서 산출된다.

메테인은 분자 단위에서는 이산화탄소보다 30배나 더 강력한 온실 기체다. 일단 대기로 방출된 메테인은 약 10년 안에 또 다른 온실 기체인 이산화탄소로 분해된다. 이때 분해되어 나온 이산화탄소는 화석 연료의 이산화탄소와 마찬가지로 대기 중에 축적된다.

겉보기에 메테인 하이드레이트 침전물은 상당히 불안정한 상태다. 메테인 하이드레이트는 온도가 너무 높으면 녹고, 물이 얼음 상태를 유지할 만큼 온도가 낮더라도 대기압에서는 메테인을 방출한다. 해양 퇴적물의 하이드레이트는 진흙 속에 묻히지만 않았다면 녹아서 바다 표면으로 떠오를 것이다.

해양 퇴적물의 하이드레이트에는 땅속 모든 화석 연료만큼 수천 기가톤에 달하는 탄소가 메테인으로 들어 있다. 만약 몇 년 안에 하이드레이트 내 메테인의 10%만 대기에 들어간다고 쳐도, 대기 중 이산화탄소 농도가 10배나 증가하여 상상을 초월한 기후 충격이 닥칠 것이다. 메테인 하이드레이트의 저장고는 불과 몇 년 안에 지구 기후를 에오세의 온실 상태로 뜨겁게 만들 잠재력을 지니고 있다. 메테인 하이드레이트 저장고가 행성을 파괴할 수 있는 잠재력은 핵겨울이나 혜성 또는 소행성 충돌로 인한 파괴 잠재력과 견줄 만하다.

지구상의 메테인 하이드레이트는 대개 해저의 퇴적물에 포함되어 있는데, 대다수는 해저의 넓은 지역에 걸쳐 낮은 농도로 분산되어 있다. 대부분의 메테인은 수백만 년 전에 매몰된 플랑크톤의 유기 탄소가 발효되면서 생성되었는데, 현재는 해저 아래 수백 미터에 위치한다.

하이드레이트의 녹는점은 일반 얼음과 비슷하며, 퇴적물 내 온도가 몇 도 정도만 올라가도 상당량이 녹게 된다. 그러나 하이드레이트가 위치한 장소를 데우는 데는 오랜 시간이 걸릴 것이다. 수백 미터라는 깊이만 고려해도 데우는 데 수백 년이 걸리는데, 여기에 해저 아래 수백 미터에 이르는 진흙층까지 고려하면 데우는 속도는 더욱 느려져 수천 년에 가까운 시간이 걸릴 수밖에 없다. 특이하게도 수온이 낮은 북극에서는 하이드레이트가 수심 약 200m 깊이의 얕은 곳에 존재한다. 또한 북극은 바다의 얼음이 녹고 있기 때문에 지구 평균보다 한층 더 따뜻해지고 있다. 그렇다고 해도 북극의 하이트레이트가 녹는 데 걸리는 시간은 수십 년에서 수백 년 정도다.

문제는 방출된 메테인이 바다 또는 대기로 빠져나갈 수 있는지, 아니면 퇴적층에 갇힌 채 남아 있을지에 대한 것이다. 퇴적층의 심부에서 하이드레이트가 녹으면, 방출된 메테인은 더 차갑고 얕은 퇴적층 쪽으로 상승한다. 퇴적층 표면은 방출된 메테인 기체가 도망가지 못하도록 방해하는 콜드 트랩(여기서는 차가운 표면과 접촉하는 기체가 장기간 안정되게 유지되는 장소를 가리킴 — 옮긴이)의 역할을 수행한다.

하지만 메테인이 콜드 트랩을 통과하여 바다로 빠져나갔다는 증거가 있다. 지진파 연구에 따르면 안정한 층상구조를 가진 퇴적층 내부에 파괴된 영역이 나타났다. 아마도 빠져나가던 기체가 폭발하면서 퇴적층을 파괴한 것으로 보인다. 전 세계 해양의 퇴적층 표면에는 곰보 자국 같은 수천 개의 구덩이가 있는데, 표면에 생긴 기체 폭발의 흔적으로 해석된다. 빠져나온 메테인 기체가 너무 빨라서 하이드레이트로 동결되지 못했거나, 기체와 함께 상승하던 유체가 열을 전달하여 메테인의 동결을 방해했을 가능성도 있다.

그리고 사태의 가능성도 있다. 하이드레이트가 녹으면서 기포가 생기고 부피는 증가한다. 새로 형성된 기포들은 한편으로는 퇴적물 입자들을 들어 올려 서로 떨어지게 하고, 다른 한편으로는 서로 들러붙지 못하게 하여 결과적으로 퇴적층이 미끄러지도록 한다. 지금까지 알려진 가장 큰 해저 사태는 노르웨이에서 일어난 스토레가Storegga 사태다.

스토레가 사태는 마지막 빙하기가 끝날 무렵 바닷물이 따뜻해지고서 약 2천~3천 년 후에 발생했다. 이 사태로 평균 250m 두께의 상부 퇴적층이 미끄러져 현재 노르웨이에서 그린란드 중간까지 수백 킬로미터 면적을 덮었다. 노르웨이 연안에서는 이 정도의 사태가 대략 10만 년, 그러니까 빙하 주기와 비슷하게 발생했는데 그다지 정확하지는 않다. 하이드레이트가 녹은 게 원인인지도 확실치 않다. 어쩌면 이 사태는 유럽의 빙상이 녹은 다음 빙하 쇄설물이 해저에 쌓이면서 일어났을 수도 있다.

메테인이 퇴적층에서 빠져나오더라도 이산화탄소로 분해되지 않고서는 대기로 들어가기 어렵다. 메테인은 용존 메테인, 기체 방울, 동결 하이드레이트 등 세 가지 형태로 퇴적물에서 빠져나올 수 있다. 용존 메테인은 산소가 풍부한 해양에서는 화학적으로 불안정하지만, 바다 표면에서 대기로 증발할 때까지 수십 년 동안 충분히 버틸 수 있다.

메테인 기포는 일반적으로 녹기 전에 불과 몇백 미터만 상승한다. 그러나 사태로 인해 물에 떠 있는 얼음 형태인 고체 하이드레이트가 방출될 수도 있다. 떠다니는 하이드레이트는 기포에 비해 훨씬 효율적으로 메테인을 대기로 운반할 수 있다.

스토레가 사태로 이동한 퇴적층의 부피와 그 속에 포함되었으리라 여겨지는 하이드레이트의 양으로부터 판단컨대, 메테인이 엄청나게 방출되지는 않은 것 같다. 스토레가 사태로 메테인이 모두 대기에 유입되었다고 해도 화산 분출보다 기후에 미친 영향이 적었을 것이다. 빙하 코어로부터 얻은 대기 중 메테인 농도에 대한 기록에서도 그 시점에 메테인의 최댓값이 보이지 않는다. 지금까지 어느 누구도 해양의 하이드레이트로부터 상당량의 메테인이 한꺼번에 대기로 빠져나갈 수 있는 시나리오를 제안하지 않았다.

메테인 하이드레이트는 때로 영구동토층과 연관되어 나타나지만, 하이드레이트 형성을 위해서는 높은 압력의 메테인이 필요하기 때문에 토양 표면과 너무 가까우면 안 된다. 때때로 거의 얼어붙은 채 흐르는 지하수가 토양 속에 얼음으로 밀폐된 층을 만들고, 그 아래 공극(입자 사이의 작은 구멍)의 압력이 증가하여 메테인이 갇히게 된다. 즉 얼음으로 밀폐된 깊은 곳에 하이드레이트가 위치해야 토양 표면의 기후 변화에 영향을 받지 않는다.

그런 밀폐된 얼음층을 드러내는 가장 중요한 방법은 지표 아래의 얼음이 해안에서 바닷물에 노출되게 하는 것이다. 얼음이 녹으면서 땅이 내려앉고 열카르스트thermokarst 침식이라 불리는 용융-침식 과정으로 더 많은 얼음이 노출된다. 시베리아의 북쪽 해안은 수천 년 동안 이런 식으로 침식되어 왔고, 속도가 점점 빨라지고 있다. 역사 시대 동안 섬 전체가 사라진 곳도 있다. 시베리아 대륙붕의 물에는 용존 메테인의 농도가 높은데, 이는 해안이 침식되면서 이탄의 분해 과정을 통해 메테인이 대기로 빠져나왔을 가능성을 보여 준다. 영구동토층 토양에 포접 화합물 형태로 있는 메테인의 총량은 확실하지는 않지만, 탄소 함량으로 10~400기가톤 정도로 추산된다.

메테인 하이드레이트는 6장에서 논의한 5,500만 년 전의 팔레오세-에오세 최대온난기의 부분적인 원인으로 생각된다. 메테인은 동위원소적으로 매우 '가볍기(대부분이 탄소-12이고, 탄소-13은 많지 않음)' 때문에 하이드레이트 가설은 매력적이다. 팔레오세-에오세 최대온난기의 가벼운 탄소의 최댓값을 설명하기 위해 엄청난 양의 메테인이 필요하지는 않다. 만약 탄소의 공급원이 메테인이 아니라 대기나 해양에 분포하는 탄소와 동위원소적으로 더 유사하다면, 동위원소 변화를 설명하기 위해 더 많은 양의 이산화탄소 분자가 필요할 것이다.

나는 개인적으로 메테인이 팔레오세-에오세 최대온난기 탄소의 공급원이라고 믿지 않는다. 해양이 더 따뜻해지고, 다량의 탄산칼슘이 이산화탄소의 산에 용해되려면 이산화탄소가 더 많이 필요하기 때문이다. 이 문제에 대해서는 아직 결정된 게 없다고 보는 편이 옳다.

일부 기후학자들은 빙하 주기에서 메테인 하이드레이트의 역할을 추론하고 있다. 심해는 빙하기 동안 냉각되지만, 빙하 주기를 거치면서 몇 도 정도 따뜻해지거나 차가워지기도 했다. 빙하 코어의 기포에서 대기 중 메테인 농도를 측정한 결과, 약간 변화가 있었지만 빙하 주기에 따라 큰 온도 변화를 가져왔다고 보기는 어려웠다. 온실 효과를 유발하는 것은 주로 이산화탄소였다. 또한 메테인은 독특하게도 동위원소 비율(탄소-13 대한 탄소-12의 비)이 가볍다. 따라서 메테인의 대규모 방출은 해양에서 형성되는 탄산칼슘의 동위원소 조성에 흔적을 남겼을 것이다. 그러나 실제로 메테인이 다량 방출되었다는 흔적은 보이지 않는다.

마지막 빙하기가 끝날 때까지 메테인의 응답이 없다는 점은 미래의 온난화가 메테인에 영향을 끼치지 않으리라 기대하게 한다. 그러나 과거와 미래 사이에는 중요한 차이가 있다. 미래의 해양은 수백만 년 동안 이어진 온도보다 더 따뜻해질 수 있다. 메테인은 퇴적물에서 매우 천천히 생산되고 하이드레이트로 축적되는 데 수백만 년이 걸린다. 현재 간빙기 기후의 온난화에서는 메테인이 소량 방출되었다. 10만 년 전에 해양이 이미 따뜻해졌고, 이후 한랭기에 축적된 하이드레이트가 그리 많지 않았기 때문으로 추측할 수 있다. 만약 해양이 과거 수백만 년 동안의 온도보다 더 따뜻해진다면, 하이드레이트는 장기간 축적된 장소에서 녹을 수도 있다.

4천만 년 전의 온실 기후에서는 메테인 하이드레이트가 많지 않았을 것이다. 현재 지구의 하이드레이트는 그 당시보다 더 추웠던 최근에 형성되었다. 만약 지구가 온실 기후로 되돌아간다면, 대부분의 메테인이 소실되는 것은 불가피해 보인다. 이 과정이 얼마나 오래 걸릴지, 그리고 얼마나 많은 메테인이 기후에 영향을 미치는 탄소 순환에 다시 합류할지는 의문이다. 하이드레이트 안정성에 대한 계산 결과는 하이드레이트가 화석 연료에서 방출되는 이산화탄소만큼 많은 탄소를 방출하며, 지구 온난화의 장기간 기후 영향을 2배로 늘릴 수 있음을 제시한다.

과거의 기후 기록들은 탄소 순환이 결국 인간이 유발한 기후 변화를 증폭한다는 두려운 사실을 암시한다. 예를 들어 빙하 주기는 지구 궤도의 변동으로 촉발되었고, 탄소 순환은 분명히 일종의 증폭 작용을 했다. 생물권에서 이산화탄소의 방출과 흡수는 각각 온난화와 한랭화에 대응했다.

지구 온난화는 빙하 주기를 통한 기후 변화와 다르다. 지구 온난화의 초기 원인이 지구 궤도의 변동과 같은 직접적인 열적 요인이 아니라, 이산화탄소에서 비롯되기 때문이다. 탄소 순환의 응답은 모든 과잉 이산화탄소를 해양과 고위도 지표 쪽으로 들어가게 한다.

수백 년이 넘는 시간 규모로 보면, 과거는 이런 상황이 스스로 역전될 수 있다는 교훈을 준다. 또한 지구 온난화는 자연적인 탄소 순환에서 이산화탄소를 방출하여 인간이 유발한 기후 변화를 감축하기보다는 오히려 증폭할 수도 있다.

11장

먼 미래의 해수면 변화

미래의 해수면 상승을 우려하는 가장 큰 이유는 과거 해수면의 추정값에서 찾을 수 있다. 옛날 산호초와 해빈(바닷물과 땅이 서로 닿은 곳이나 그 근처—옮긴이) 퇴적물의 흔적은 과거의 기후 변화로 인한 해수면 변동의 증거가 된다.

마지막 최대 빙하기와 같이 해수면이 낮았던 시기는 해수면 높이 변화를 파악하기 어렵다. 과거 해변의 흔적이 현재 100m가 넘는 물속에 잠겨 있기 때문이다. 카리브해의 섬나라 바베이도스와 같은 일부 지역에는 육지가 바다의 범람보다 빠르게 융기하여 옛날 해안선이 고스란히 남아 있다. 이로써 과학적인 조사가 가능하다. 4장에서 설명한 대로 깊은 바다에 침전된 탄산칼슘 껍질의 산소 동위원소 또한 과거 해수면에 대한 정보를 담고 있다.

2만 년 전 마지막 빙하기 동안 해수면은 오늘날보다 약 120m 낮았다(5장 참조). 사라진 물의 대부분은 북아메리카와 유럽에 발달한

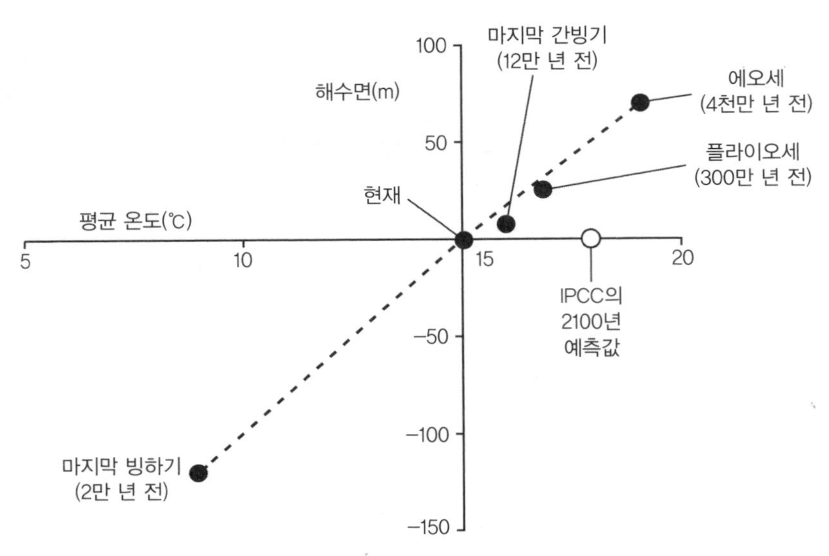

그림 17. IPCC의 2100년 해수면 상승 예측과 비교한 지질학적 과거의 지구 평균 온도와 해수면의 상관관계

빙상의 일부가 되었다. 그 당시 지구 평균 기온은 오늘날보다 약 5~6℃ 정도 낮았다. 그림 17은 과거와 현재 그리고 미래의 기후 변화에 대한 온도 변화(가로축)와 해수면 변화(세로축)를 보여 준다.

약 12만 년 전 마지막 간빙기 동안 해수면은 오늘날보다 4~6m 높았다. 대기 중 이산화탄소 농도는 약 280ppm으로 인간이 이산화탄소를 배출하기 이전의 값과 비슷했다. 지구 궤도로 인해 북반구의 여름이 더워졌고 얼음이 녹았다. 전체적으로는 온도가 최근, 즉 인간이 개입하기 전보다 기껏해야 1℃ 더 높았고, 북반구 고위도에서는 3℃가량 더 따뜻했을 것이다. 그 당시 지구 온도는 지금의 지구 온난화와 맞먹는 수준이었지만, 다가올 수백 년간의 예상되는 기후 변화에는 한참 못 미친다.

빙하기/간빙기 주기가 시작되기 전인 약 300만 년 전의 시기는 플라이오세에 해당한다. 그 당시 남극대륙 빙상은 존재했으나 지금보다 크기가 작았으며, 북반구에는 얼음이 없었고 해수면은 지금보다 20~25m 높았다. 심해 탄산칼슘의 동위원소와 미량 원소 농도로부터 추정한 지구 평균 온도에 따르면, 그 당시 지구는 2℃ 정도 더 따뜻했다.

남극대륙 빙상은 약 1,500만 년 정도 되었다. 빙상이 형성되기 훨씬 전에 지구는 얼음이 없는 온실 기후 상태였다(6장 참조). 온실 기후는 약 4천만 년 전의 에오세에 절정을 이루었다. 이 정도의 오랜 기간에서는 해수면이란 개념은 의미를 잃어버린다. 대륙들이 지구의 맨틀이라는 점성 유체 위에 떠 있기 때문이다. 수백만 년을 초저속 동영상으로 살펴본다고 가정하면, 대륙들은 일렁거리는 물결 위의 뗏목처럼 위아래로 오르락내리락하는 듯 보일 것이다. 한마디로 해수면 변동의 기준을 설정하기 어렵다.

이런 난관을 해결하는 방법은 현재와 같은 대륙 분포에서 지구의 얼음이 모두 융해되었을 때의 해수면 변화를 바탕으로 에오세의 온실 기후에 대한 해수면 변화를 추정하는 것이다. 만약 오늘날 얼음이 없다면 해수면은 약 70m 상승할 것이다. 심해 탄산칼슘 퇴적물의 화학 분석을 근거로 볼 때 에오세 동안에는 선사 시대보다 4~5℃ 더 따뜻했다.

그림 17에 점으로 표시된 과거 데이터에는 많은 복잡성과 다양성이 집약되어 있다. 물이 빙상의 얼음으로 축적되는 과정은 대기 순환에 좌우되는데, 대기 순환 또한 해류, 대륙 분포, 고도의 영향을 받는다. 빙상의 성장 여부를 결정하는 빙상의 유동에 관한 물리학적 이해

는 기초 수준에 머물고 있다. 기후 변화에 대한 다양한 빙상의 응답은 많은 과학자의 평생 연구 대상이었다. 그 모든 노력과 자연스러운 궁금증을 깎아내리려는 의도는 없지만, 그림 17처럼 단순히 점들을 연결하는 것에도 장점이 있다. 과거의 해수면은 지구 평균 기온의 변화에 따라 명확하고 강하게 변화했다.

그림 17에 나와 있듯이 과거의 데이터와 2100년 해수면 상승 예측값은 대조적이다. 다음 세기의 예상되는 온도 변화는 3℃ 상승이며, 지질학적 시간에서 지구의 움직임을 분석하자면 해수면이 약 50m 상승할 정도로 높은 온도다. 그러나 다음 세기의 해수면 변화에 대한 IPCC의 예측은 겨우 0.5m에 불과하다. 과거에 있었던 큰 온도 변화가 IPCC 예측보다 100배 이상의 해수면 변동을 초래했을지도 모른다.

과거와 다음 세기에 대한 예측의 차이점은 실제로 해수면이 아주 많이 바뀌는 데 100년 넘게 걸릴 것이라는 가정이다. 온실 세계에서는 수천 년에 걸쳐 해수면이 상승했다. 그러나 8장과 9장에서 설명한 화석 연료 이산화탄소의 대기권에서의 긴 수명을 고려할 때, 이산화탄소는 분명히 충분한 시간을 두고 얼음을 녹일 것이다. 앞으로 천 년 후는 다음 세기보다 해수면이 훨씬 높아질 것이다. 말하자면 2100년 예측은 빙산의 일각일 뿐이다.

해수면 상승은 부분적으로 해수의 열팽창으로 인해 발생한다. 바닷물은 따뜻해질수록 팽창하여 더 많은 공간을 차지하며 온도계의 수은주가 올라가듯 해수면을 밀어 올린다. 열팽창은 현재 해수면 상승의 가장 작은 요소이지만, 다음 세기에는 가장 큰 요소가 되어 약 0.25m 상승에 기여할 것으로 예상된다. 하지만 심해 온도까지 완전히 바꾸는 데는 천 년이라는 오랜 시간이 걸릴 것이다. 지구 온난화로 인해 천 년 동안 평균 기온은 약 3℃ 변화할 것이고(8장 참조), 이로 인해 바닷물의 열팽창은 해수면을 약 1.5m 상승시킬 것이다.

수천 년이라는 긴 시간 동안 해수면 변화의 주요인은 육지 빙하가 녹는 것이다. 오직 육지 빙하만이 해수면을 바꿀 수 있다. 아르키메데스가 욕조에 들어갔을 때 깨달은 것처럼, 떠다니는 얼음은 이미 바닷물에 자신의 무게를 옮겨 놓았다. 녹은 얼음은 물속에서 차지하던 부피만큼을 정확히 채운다. 그림 17에 따르면 2100년에 육지 빙하가 녹으면 결국 해수면이 약 50m 정도 상승한다. 이 물의 대부분은 그린란드와 남극대륙의 커다란 빙상에서 나온다(3장 참조).

남극대륙은 지금도 가까운 미래에도 영하의 온도를 보일 것이다. 그러나 그린란드는 녹는점에 가깝다. 기후 모델들은 만약 여름 기온이 현재보다 3℃ 상승하면 그린란드 빙상의 상당 부분이 녹을 것으로 예측한다. 이는 지난 12만 년 전 간빙기 동안의 데이터로부터 검증된 사실이다. 모델들에 따르면 그린란드 빙상이 녹는 데는 수천 년이 걸린다. 그러나 지금 최고 수준의 예측 모델과는 다른 방식으로 실제 빙상이 녹을지 모른다는 우려도 있다. 3장에서 논의했듯이 빙하가 빨리 녹는 몇 가지 방법이 있는 듯하며, 그에 대해 빙하학자들은 사전에 예측하지 못하고 빙하가 녹기 시작할 때나 발견하는 편이다.

라르센 B 빙붕(3장 참조)이 붕괴하리라고는 누구도 예측하지 못했다. 2002년 3월 5일을 지나 며칠 이내에 미국 로드아일랜드주 크기(약 4천 km²)에 두께 200m의 빙붕이 붕괴하여 빙산이 되었다. 얼음 표면에 녹은 물, 즉 해빙수의 웅덩이가 생기면서 일어난 파열이었다. 해빙수가 수직 균열인 크레바스를 따라 얼음으로 파고들면서 빙붕 구조를 약화했기 때문으로 생각된다. 크레바스가 얼음을 폭에 비해 큰 높이로 잘라 내면 잘린 덩어리들은 줄 선 도미노가 넘어지듯이 옆으로 무너지고 전체 빙붕은 짧은 시간에 빙산으로 떨어져 나갈 것이다.

빙붕은 이미 바다에 떠 있는 상태이기 때문에 얼음이 파쇄되고 뒤이어 녹는 과정은 해수면에 직접적인 영향을 미치지 않았다. 하지만 빙붕은 내부 빙상에서 바다로 흘러 들어가는 얼음의 흐름을 방해하는 것처럼 보인다. 라르센 B 빙붕은 빙상 내부에서 빨리 흐르는 얼음의 강, 즉 빙하류에 의해 유지된다. GPS로 측정한 결과, 빙하류의 속도는 빙붕 붕괴 이후 7배 정도 가속되었다.

그린란드에서는 2002년 빙하 말단부의 빙붕이 붕괴되면서 야콥샤븐 빙하의 빙하류 역시 2배로 가속되었다. 뒤에서 자세히 설명하겠지만, 서남극 빙상은 로스 빙붕으로 이어진다. 그런데 로스 빙붕에서 해빙수 웅덩이가 만들어지기 시작하면서 라르센 B 빙붕처럼 비극적인 파열의 가능성이 나타났다. 서남극 빙상이 완전히 붕괴되면 해수면이 7m가량 상승할 것이다.

누구도 3만~7만 년 전 빙하기 동안의 기후를 중단시킨 하인리히 사건을 설명하지 못했다. 대서양 퇴적물 속에는 얼음에 의해 운반된 모래층이 포함되어 있었고, 그로부터 하인리히 사건이 처음 발견되었다. 하인리히 사건으로 북아메리카의 로렌타이드 빙상이 붕괴되어 많은 빙산이 생겨났으며 수백 년 안에 해수면이 수 미터 상승했다는 것이 밝혀졌다. 빙산은 빙상을 매우 효율적으로 녹인다. 빙산이 햇빛이 약한 고위도에서 햇빛이 더 강한 저위도 쪽으로 얼음을 운반하기 때문이다.

로렌타이드 빙상은 대략 북위 60도 지점에서 바다로 흘러 들어갔다. 오늘날 그린란드 빙상은 약 북위 70도 부근에 집중되어 있다. 그린란드 빙상은 녹는점에 가까운 따뜻한 빙상이며 점점 더 따뜻해지고 있다. 로렌타이드 빙상이 바다로 어떻게 많은 얼음을 쏟아부었는지는 밝혀지지 않았으므로, 그린란드 빙상이 하인리히 사건 때와 같은 결과를 만들어 낼지 예측하기 어렵다. 만약 그러한 붕괴가 시작된다면 멈추기는 어려울 것이다.

빙상의 운명은 얼음과 기반암이 접하고 있는 바닥의 온도로 결정되는데, 특히 바닥 근처의 얼음이 녹는점에 이르렀는지가 중요하다. 얼음이 바닥에 단단하게 결빙되어 있다면, 얼음은 변형이 생길 때만 흐를 수 있다. 이때 바닥은 제자리에 있으며 표면만 흐른다. 빙상의 맨 아랫부분이 녹으면 바닥이 미끄러워지고 빙상 전체가 변형 없이 흐르게 된다. 빙하 모델에 따르면 일단 빙상이 녹기 시작하고 흐름으로 인한 마찰이 열을 발생시키면 얼음은 더 빨리 흐른다. 바닥에 물이 조금이라도 있으면 빙상은 발판을 잃어버리고 바다로 빠르게 흘러가게 된다.

빙상의 유동과 축적에 대한 현재 모델에서 대기로부터 빙상 바닥까지 수백 미터 두께의 얼음 속으로 열전도를 통해 열이 주로 전달된다. 이런 방법으로는 빙상의 유동 속도가 기후 변화에 응답하기까지 수천 년이 걸릴 것이다. 이와 대조적으로 실제 그린란드 빙상은 표면 조건의 변화에 대해 불과 몇 달 이내에 응답한다. 여름에는 빨라지고 겨울에는 느려지지만, 천 년이 걸리거나 그보다 더 지체되는 경우는 없다.

해빙수의 흐름을 이용하여 표면의 열을 바닥에 내려보낼 수 있다.

빙하학자들은 현장에서 물랭moulin이라고 불리는 얼음 구멍 속으로 물이 빠져 내려가는 현상을 볼 수 있다. 어떻게 물이 얼지 않고 얼음을 통과하여 바닥까지 가는지는 밝혀지지 않았다. 얼음층 대부분은 온도가 어는점보다 낮다. 얼음을 통과하는 동안 물이 얼지 않는 원리가 아직 밝혀지지 않았으므로 모델로 이 현상을 재현할 수 없다.

잠재적으로 불안정한 또 다른 커다란 빙하는 서남극 빙상이다. 이 빙상이 녹으면 해수면이 약 5미터 상승할 수 있다. 다행히 그린란드와 달리 이 지역의 표면 기온은 해수면에 이르기까지 어는점 이하여서 기온 상승으로 해빙수가 형성되기는 힘들어 보인다.

서남극 빙상은 여러 다발의 빙하류를 통해 바다 쪽으로 흐른다. 얼음은 점성이 매우 높아 마치 매우 천천히 흐르는 물처럼 보인다. 안정적이고 단단한 기반의 빙상이나 빙하는 보통 연간 1m 속도로 흐르며, 빙하류는 이보다 100배 더 빠르게 흐른다. 빙하류가 쉽게 흐를 수 있는 이유는 그 속의 얼음이 해빙수 층이나 액체 상태의 물 또는 모래와 작은 암석 조각으로 이루어진 진흙 위에 떠 있기 때문으로 생각된다.

서남극 빙상을 로스해로 흘려보내는 5개의 빙하류가 있지만, 오늘날에는 그중 4개만 활동하고 빙하류 C는 약 150년 전에 갑자기 흐름을 멈추었다. 빙하학자들은 얼음 속 흔적만으로도 이를 파악할 수 있다. 알려진 바로 빙하류의 격렬한 흐름은 어떤 경고나 사전 예고 없이 시작하거나 멈춘다. 서남극 빙상의 빙하류는 로스 빙붕으로 흘러 들어가고 거기서 해빙수 웅덩이가 생성되는데, 이는 파열 전 라르센 B 빙붕(그림 6)에서 발견된 것과 같다.

서남극 빙상은 세계 유일의 해양 빙상이며, 어디에서도 해수면 위의 땅에 닿지 않는다. 호기심 많은 독자라면 어떻게 그런 일이 일어났는지 궁금할 것이다. 얼음은 바다 밑바닥에서 형성되었을까, 아니면 바다 표면에서 자라나 결국 해저까지 도달했을까?

답은 빙상이 처음 형성되기 시작할 때, 암석들이 해수면 위에 있었다는 것이다. 계속 두꺼워진 빙상의 무게로 인해 지표면이 지각 평형(지각이 밀도가 큰 하부층, 즉 맨틀에 떠 있으면서 평형을 유지한다는 가설-옮긴이)이라고 불리는 과정으로 가라앉았다. 바다 위 얼음이나 물속 보트처럼, 지구의 지각은 그 아래 놓인 맨틀 암석의 매우 두꺼운 흐름을 타고 떠다닌다. 지각에 무게가 더해지면, 물에 떠 있는 보트 선착장을 밟았을 때처럼 약간 가라앉는다. 암석들이 천천히 흐르기 때문에 지각 평형에 의한 고도 변화에는 수만 년이 걸린다. 이에 대해서는 7장에서 해수면 상승을 살피며 언급한 바 있다.

물에 떠 있는 보트 선착장이 다소 유연하다고 가정하면, 선착장에서 사람이 밟은 곳 아래가 가장 깊게 가라앉는다. 마찬가지로 지각 또한 빙상 중앙부에서 가장 깊게 가라앉았다. 결과적으로 빙상은 중앙으로 갈수록 점점 깊은 물 속에 잠기게 된다. 즉 빙상은 언덕 위에 자리 잡은 것이 아니라 움푹 팬 곳을 메우고 있다(그림 18).

이런 형태의 빙상은 바다 쪽으로 급격하게 붕괴하기 쉽다. 오늘날 얼음의 흐름은 로스 빙붕 자체와 로스 빙붕 위로 솟아오른 기반암 몇 군데의 방해를 받는다. 만약 로스 빙붕이 붕괴되면 바다로 얼음이 가파르게 흘러 들어가고 결과적으로 빙상이 얇아질 수 있다. 사람이 발을 떼면 보트 선착장이 다시 떠오르듯이 빙상도 얇아질수록 더 높이 떠오르려 할 것이다. 즉 빙상의 바닥이 기반암에서 떨어지게 되면서

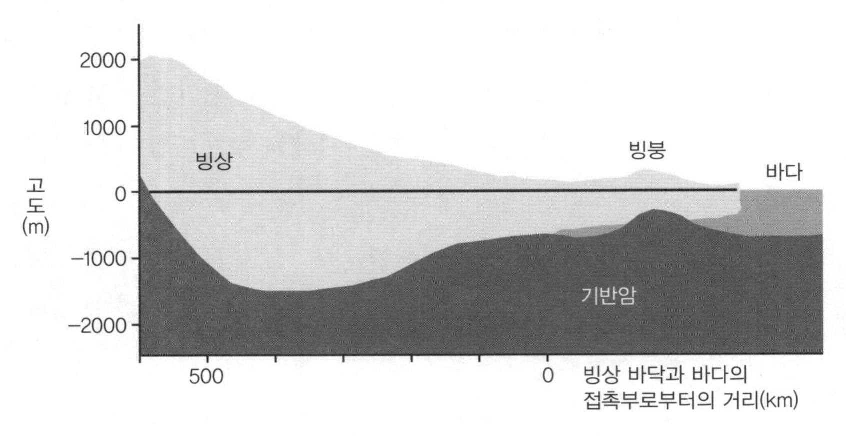

그림 18. 서남극 빙상의 단면도(Oppenheimer, 1998, *Nature* 393, 325–333)

얼음이 훨씬 더 빨리 흐를 수 있다. 지표면 역시 얇은 빙상과 같은 이유로 상승하지만, 암석이 물보다 훨씬 느리게 움직이므로 이 과정은 얼음 반동보다 훨씬 느린 수천 년이 걸린다.

결론을 내리자면, 그린란드와 마찬가지로 서남극 빙상이 더 빨리 융해되는 방식으로 바뀔 수 있다. 그러나 이를 사전에 예측하기는 어려우며 일단 시작되면 멈출 수 없다.

우리가 지구의 빙상이 얼마나 빨리 녹을 수 있는지에 관심을 두는 이유는 두 가지다. 첫째, 만약 과거처럼(하인리히 사건이나 해빙수 펄스 1A 때처럼) 빙상이 한 세기 만에 붕괴된다면, 이번 세기에 다시 붕괴되어 우리와 후손은 해수면 상승의 영향을 실제로 체감할 수도 있다. 과거의 기후 변화 중 일부는 매우 빠르게 일어났지만, 대기 중 이산화탄소 농도가 지금처럼 빨리 상승한 적은 없었다. 다음 세기의 전망은 기후 모델에 기초하고 있다. 모델에서의 변화가 너무 느리면 예측

확률 또한 낮아진다.

빙상이 녹는 속도에 관심을 두는 또 다른 이유는 빙상이 1만 년이 아닌 1천 년 안에 붕괴된다면, 지구 온난화의 첫 번째 천 년이 훨씬 더워지기 때문이다. 첫 번째 천 년이 가장 뜨거운 이유는 풍화 작용에 의한 이산화탄소 소모가 천천히 일어나서다. 만약 빙상이 녹고 붕괴되는 데 수천 년이 걸린다면 첫 번째 천 년의 온난화에도 빙상은 살아남을 것이다.

그림 17에 따르면 지구 평균 기온이 3℃ 달라져도 해수면에 대한 영향은 50m 정도 상승한다. 만약 빙상이 천 년 안에 녹는다면, 화석 연료에서 나온 2천 기가톤의 탄소가 오랫동안 3℃ 이상 온도를 높일 것이다. 반면 빙상이 녹는 데 만 년이 걸린다면, 궁극적으로 그만큼의 얼음을 녹이는 데는 5천 기가톤의 탄소가 필요할 것이다.

이용 가능한 화석 연료 탄소의 양, 대기 중에 방출된 이산화탄소의 긴 수명, 장기간에 걸친 지구 기후에 대한 빙상의 민감도를 모두 합치면, 인간의 활동으로 해수면이 수십 미터 높아질 수 있다는 결론이 나온다. 최소한의 영향만 고려하더라도 적어도 10m의 해수면 상승은 피하기는 어렵다. 대기 중 이산화탄소를 제거하는 방법밖에는 없다.

이 책의 '맺으며' 부분에서 논의하겠지만, 지구 평균 기온의 2℃ 상승은 종종 위험 한계 기준점으로 간주된다. 2℃는 수백만 년 동안의 지구보다 더 따뜻하다고 말할 수 있는 값이다. 대기 중 이산화탄소의 긴 수명을 고려하면 대기 중 이산화탄소 농도의 최댓값에서 2℃ 온난화가 예측되지만 수천 년 동안은 1℃ 이하로 안정적으로 유지될 것이다. 12만 년 전의 마지막 간빙기는 1950년의 자연적 기후의 추정 온도보다 약 1℃ 따뜻했고, 당시 해수면은 현재보다 4~5m

정도 높았다. 빙하기 때의 낮은 해수면으로부터 에오세의 높은 해수면에 이르기까지 해수면의 변화량은 1℃ 상승에 대해 10~20m 정도다. 만약 지구 온난화가 그런 추세로 이어진다면, 최대 지구 온난화가 단 2℃로 제한된다고 해도 해수면은 10m 이상 상승할 수 있다.

그렇다면 이 모든 것에 비용이 얼마나 들까? 결국 토지의 문제다. 토지 같은 부동산의 경제적 가치는 밀도나 온도와 같은 사물의 본질적 속성이 아니라 사람 간의 거래로 결정된다.

토지의 경제적 가치를 따지려면, 다년간의 경제적 생산량이라는 관점에서 생각하면 도움이 된다. 보통 사람이 대출금을 갚는 데는 몇십 년이 걸린다. 부동산의 가치는 사람의 수명이 아니라 그보다 짧은 시간에 거주할 장소에 대해 지불하는 대가다. 집을 사는 데 천 년이 걸린다면 그리 오래 사는 사람이 없으므로 누구도 그 집을 살 수 없다. 지구에서 육지의 경제적 가치가 10년간의 경제적 생산량과 같다고 가정해 보자.

해수면이 10m 상승할 때 침수되는 2.2%의 지표면에는 현재 세계 인구의 약 10%가 살고 있다. 도시들은 육지의 가장 낮은 부분에 편중되어 있으며, 저지대의 삼각주는 비옥해서 농사를 짓기에 알맞다. 이러한 자산이 인류에게 평균 이상의 가치를 지녀야 한다. 인구에 따라 토지 가격을 조정하고 세계 인구의 10%가 살고 있는 2.2%의 지표면이 부동산 자산의 10%에 해당한다고 가정해 보자.

지표면의 경제적 손실은 약 1년간의 경제적 생산량과 맞먹는다(전체 표면=10년간의 생산량×침수 면적의 10%). 만약 해수면 상승이 100년에 걸쳐 일어난다면, 경제적 타격은 매년 전 세계 GDP의 1%에 불과하여 그리 비싼 비용은 아니다.

이 추론의 결함은 우리가 경제적 거래를 위해 실제로 지표면을 사들일 수 없다는 것이다. 네덜란드처럼 일부 육지가 해수면보다 낮아도 잘 대비할 수 있다. 그러나 높은 해수면에 대비하는 비용은 거래비용과 같지 않다. 바닷물이 지하수로 스며드는 산호섬은 어떤 비용을 치른다 한들 해수면 상승의 피해를 피할 수 없다.

간단히 계산해 보면, 5천 기가톤의 탄소로부터 50m의 해수면 상승이 일어나므로 1kg의 탄소로 10cm^{2}의 면적이 소실되는 셈이다. 즉 휘발유 1갤런(약 3.8리터)을 태우면 약 50cm^{2}의 면적이 사라진다. 미국인의 연간 평균 이산화탄소 배출량은 100m^2, 즉 파리의 고급 아파트 크기에 해당되는 면적을 물에 잠기게 한다.

궁극적으로 여기서 협상 중인 품목은 지구의 장기적인 환경 수용력이다. 판매 가격은 단기적으로 편리한 에너지다. 화석 연료 이산화탄소 방출의 가장 뚜렷한 장기적 영향은 거대한 빙상의 융해에 수반되는 해수면 상승일 것이다. 우리는 결국 발밑의 땅을 희생시킬지도 모른다.

12장

공전 궤도와 북반구의 여름

2세기 전만 해도 기후학자들은 지구 온난화보다 다음 빙하기에 더 많은 관심을 가졌다. 1896년에 대기 중 이산화탄소에 대한 기후 민감도를 처음 추정했던 아레니우스는 마지막 빙하기의 원인을 설명하는 데 흥미가 있었다.

그러다가 빙퇴석이 거대한 빙상의 반복적인 움직임으로 형성된 빙하 퇴적 지형임이 알려졌다. 당시에는 탄소 연대 측정이 가능하지 않아서 빙퇴석만으로 시기는 밝혀내지 못하고 단지 한랭기였다는 사실만 알아냈다. 우리가 관심을 가져온 따뜻한 시기, 즉 간빙기는 흔적을 남기지 않는다. 따라서 과거 빙하 시대와는 달리 온난 기후의 지속성에 대한 정보를 지형에서는 찾을 수 없다.

1970년대에 들어서 해양 퇴적물에 포함된 산소 동위원소의 비율, 즉 산소-16에 대한 산소-18의 비율을 측정하여 시간을 기록할 수 있게 되었다(5장 참조). 그렇게 지구는 지난 100만 년의 대부분을 빙하 기후 상태로 보냈다는 사실이 밝혀졌다. 최근의 간빙기 단계는 보통 1만 년 동안 지속되었으니, 빙하기 상태는 10배 더 오래 지속된 셈이다. 기후에 대한 궤도 이론에 따르면, 간빙기 간격은 지구의 세차운동이라 불리는 궤도 주기로 결정되며 궤도 주기의 절반은 대략 1만 년이다. 한번 생각해 보자. 현재 간빙기는 약 1만 년 동안 지속되고 있다. 우리는 간빙기의 거의 막바지에 와 있는 것일까?

빙상의 얼음이 생성되는 과정은 빙기/간빙기 주기의 일부로서 과학적으로 잘 알려져 있으며 현재와 같은 기후에서 시작된다. 우리는 간빙기 기후 상태의 습도나 구름의 양 그리고 그 밖의 많은 요소를 알고 있다. 빙하 주기에서 직전의 기후 상태는 2만 년 전의 마지막 빙하 기후였으며 꽃가루, 산소 동위원소, 기타 대용 자료를 통해 복원될 수 있다.

12만 년 전 마지막 간빙기가 끝나고 빙하기가 다시 찾아오면서 빙상이 성장하기 시작할 때까지, 이산화탄소는 전형적인 간빙기 수준인 280ppm으로 높은 상태를 유지했다. 만약 빙상 형성의 원인이 이산화탄소 감소가 아니라면, 다른 용의자는 지구 궤도 변화일 수밖에 없다.

햇빛의 강도는 위도와 계절에 따라 서로 다른 주기로 변하지만, 지구에서의 얼음의 양은 북반구, 곧 북위 65도 부근에서의 여름 햇빛 강도에 연관되는 듯하다. 그림 19에 따르면 지난 80만 년 동안 북반구 여름의 햇빛이 특정 트리거 값(일종의 임계값)보다 낮아질 때마다 예외 없이 지구에 얼음이 증가하고 해수면이 낮아졌다.

여름이 빙상 발달에 중대한 시기라는 것이 중요하다. 캐나다 북동

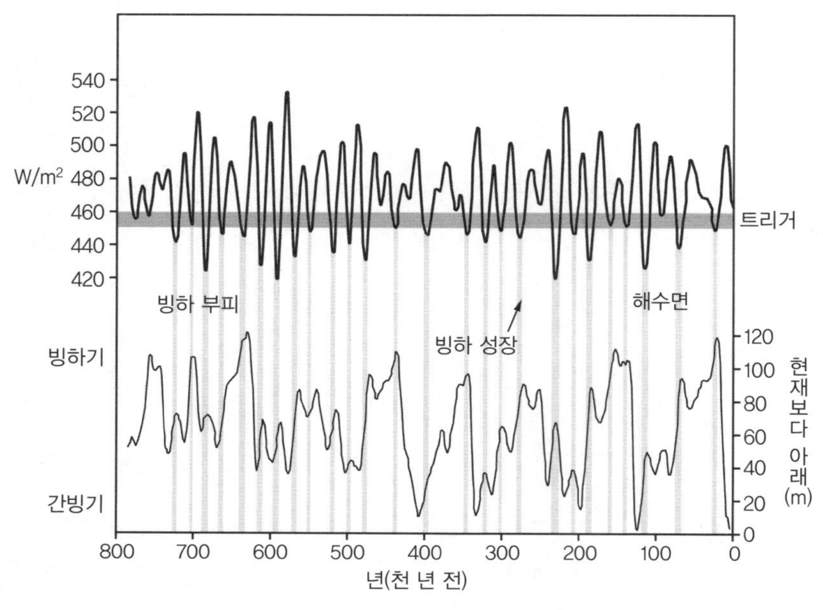

그림 19. 위: 지구 궤도 변화에 따른 북반구 여름철 햇빛의 강도. 아래: 빙상 부피의 변화. 수직 띠는 여름의 햇빛 강도가 트리거 값 아래로 떨어지는 시기이며, 그때 빙하가 성장한다.

부는 겨울이 항상 추워 눈이 쌓인다. 따라서 빙상의 운명은 여름이 눈을 녹일 정도로 따뜻한가에 달려 있다. 여름철 햇빛이 빙상 생성을 정하는 유일한 요인이 아니라고 해도 가장 중요한 요인임에 틀림없다. 북반구의 여름은 전체 행성을 빙하기로 밀어 넣는 태양 강제력의 스위트 스폿sweet spot, 즉 유효타격점처럼 마치 불시에 명치로 날아드는 주먹과도 같다.

실제로 북위 65도에서 여름철 햇빛이 최근에 조금씩 약해지고 있다. 현재는 트리거 값에 근접하고 있으며(그림 20), 약 3천 년 후에는 거의 닿을 것이다. 확실하지는 않으나 트리거 모델에 따르면 이번에는 빙하기가 오지 않는 대신 5만 년 동안 간빙기가 계속된다. 하지만

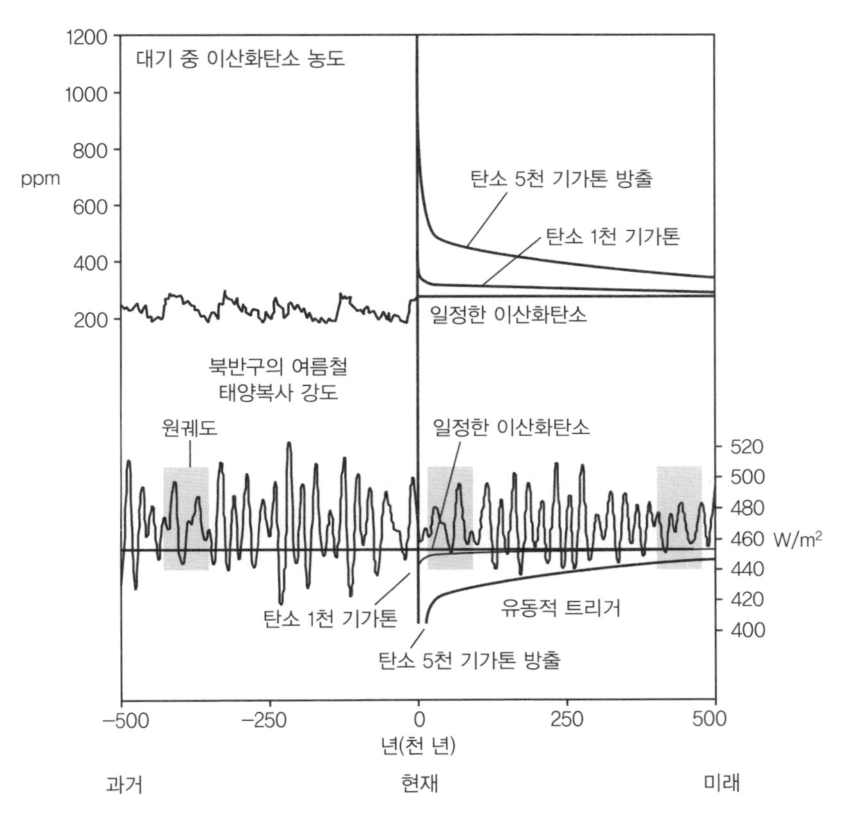

그림 20. 위: 대기 중 이산화탄소의 과거와 현재. 아래: 북반구 여름철 햇빛의 강도와 트리거 값. 트리거 값은 대기 중 이산화탄소 농도에 따라 변한다.

현실은 트리거 모델보다 불분명하다. 현실에서는 서늘한 여름이 얼마나 지속되고 겨울에 얼마나 많은 눈이 내리는지가 중요할 것이다.

빙하기는 주로 여름철 햇빛 강도가 낮을 때, 즉 트리거 값보다 낮을 때 시작된다. 하지만 그 경계부에서는 2차 원인도 중요할 수 있다. 또한 트리거 값을 기준으로 하는 메커니즘이 아주 강력하더라도 실제 트리거 값은 빙하 부피에 대한 기록으로 분석되고 불확실성도 작지 않다. 모델에서 트리거 값을 약간 더 높게 설정한다면 경계부의 상태는 바뀔 수 있다. 다시 말해 아슬아슬하게 빗나가던 것이 명중되듯이 간빙기 상태가 바로 빙하기의 시작이 될 수 있다.

이는 현재 수준에서 신뢰할 만한 예측이 어려운 경우다. 즉 판단하기 쉽지 않다. 어떤 궤도 변동도 다음 주에 빙하기가 시작되리라는 것을 암시하지 않는다. 새로운 빙상이 자연적으로 1천 년 또는 2천 년 후에 형성되기 시작할 수도 있고, 지구 온난화에도 불구하고 수만 년 동안 아무 일도 일어나지 않았을 수도 있다. 트리거 모델에 따르면 기후 시스템이 이번에 빙하기로 전환되지 않을 시에 다음 기회는 앞으로 5만 년 뒤다.

앞으로 10만 년은 태양 강제력의 변동성이 평상시보다 적을 것이다. 오늘날 지구 궤도가 거의 원형이기 때문이다(그림 7). 기후를 조절하는 햇빛 강도의 변화는 대체로 지구 자전축의 기울기와 타원 궤도 사이의 상호 작용에서 비롯된다. 북반구의 여름은 북극이 태양 쪽으로 기울어져 있을 때다. 타원 궤도에서 북반구의 여름은 지구와 태양 사이의 거리가 가깝든 멀든 상관없다. 만약 지구가 멀리 떨어져 있다면 시원한 여름이 될 것이다.

지구의 공전 궤도가 거의 원형인 요즘 같은 시기에는 지구에서 태양까지의 거리가 거의 같아서 태양의 변동성이 줄어든다. 지구가 이런 궤도 상태로 있었던 마지막 시기는 약 40만 년 전이다. 그 당시 간빙기의 기간은 약 5만 년으로, 트리거 모델이 현재 간빙기에 대해 예측하고 있는 것과 동일하다.

버지니아대학교의 고기후학자인 윌리엄 러더먼William F. Ruddiman은《인류는 어떻게 기후에 영향을 미치게 되었는가Plows, Plagues, and

Petroleum》라는 흥미로운 책에서 수천 년 전부터 농지 개간이라는 인간의 활동이 대기 중 이산화탄소와 메테인 농도를 바꾸기 시작했다고 주장했다. 그는 만약 이산화탄소 농도가 인간 활동의 영향 없이 자연적으로만 변화했다면 다음 빙하기가 이미 시작되었을 것이라고 말한다.

러더먼의 결론은 12만 년 전 마지막 간빙기 동안의 이산화탄소 농도 변화를 기반으로 한다. 이산화탄소 농도는 간빙기 초기에 가장 높았고, 간빙기를 거쳐 빙하기가 다시 시작될 때까지 줄어들었다. 지금의 간빙기에 이산화탄소는 높은 농도로 시작하여 점차 감소했고, 약 8천 년 전에 다시 상승세로 돌아섰다. 러더먼은 마지막 상승에 대해 초기 인류의 농업에 책임을 돌리고 있다.

러더먼의 책이 출판된 이후, 기후에 대한 빙하 코어의 기록은 약 40만 전의 과거까지 더 연장되었다. 40만 년 전에는 지구의 공전 궤도가 오늘날처럼 거의 원형이었다. 그 당시 간빙기는 5만 년 동안 이어졌고, 대기 중 이산화탄소는 내내 높게 유지되었다. 이 사실은 간빙기 기간이 반드시 1만 년일 필요가 없음을 암시한다. 따라서 지금의 간빙기가 러더먼이 상상한 것만큼 반드시 불운하다고 볼 수는 없다.

또한 최근 수천 년 동안 증가한 대기 중 이산화탄소의 탄소-12에 대한 탄소-13의 비율은 이산화탄소가 벌목이 아닌 해양에서 유래했음을 가리키는 듯하다. 어쨌든 인류에게는 미래의 빙하기를 통제할 잠재력이 있다고 생각한다.

과거의 모든 빙하기는 대기 중 이산화탄소 농도가 전형적인 간빙기 농도인 260~280ppm일 때 시작되었다. 오늘날 이산화탄소는

380ppm까지 증가했고, 계속 증가하고 있다. 이런 상황이 빙하기의 시작에 어떤 영향을 미칠까? 나와 공동 연구자인 안드레이 가노폴스키Andrey Ganopolski는 이 질문에 답하기 위해 CLIMBER(8, 9장 참조)라고 불리는 기후 모델을 사용했다. 모델에는 대기, 해양, 그리고 빙상의 형성과 유동 및 융해가 포함된다.

안드레이는 오늘날과 매우 유사한 초기 기후, 즉 지구가 태양과 가장 멀리 떨어져 있을 때 북반구의 여름이 찾아오는 상태로 모델을 설정했다. 그다음 궤도의 이심률을 천천히 높이면서 햇빛 강도를 서서히 줄였다. 모델의 대기 중 이산화탄소가 280ppm일 때, 여름 일사량이 455W/m^2 이하로 떨어지면 캐나다 빙상이 성장하기 시작한다. 이는 고기후 기록에서 도출된 트리거 값과 매우 가깝다. 안드레이가

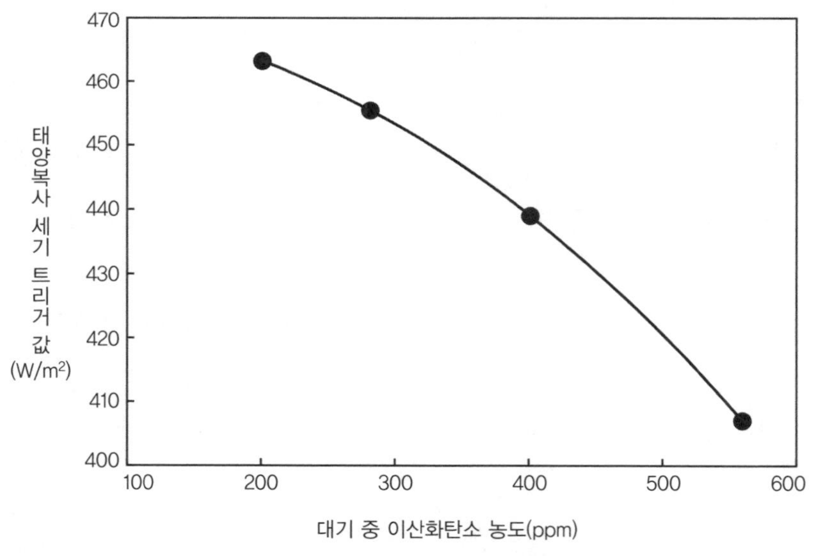

그림 21. 대기 중 이산화탄소 농도의 함수로 나타난 북반구 햇빛 강도의 트리거 값. (Archer and Ganopolski, 2005, *Geochem., Geophys., Geosys.* 6(5): doi 10.1029/2004GC000891)

대기 중 이산화탄소 농도를 560ppm(자연 상태의 2배)으로 늘려 다시 실험을 진행한 결과, 지구는 여름 일사량이 407W/m²로 떨어질 때까지는 빙하로부터 벗어날 수 있었다(그림 21).

개별 기후 강제력은 표면적당 에너지 강도(W/m²)로 비교할 수 있다(2장 참조). 기후·빙상 모델은 빙상이 형성되는 동안 북반구 여름철의 햇빛 강도가 약 4W/m²만큼 줄어들면 이산화탄소에 의한 1W/m²의 온난화로 보상될 수 있다고 예측한다. 이산화탄소 강제력에 비해 공전 궤도에 따른 태양 강제력은 빙하기가 시작될 때 더 약해진다. 연평균으로 보면 궤도 변화로부터 지구가 받는 전체 일사량이 크게 바뀌지 않기 때문이다.

궤도 변화는 대부분 서로 다른 위도와 계절 사이에서 햇빛의 강도를 바꾼다. 예를 들어 북반구 여름이 남반구 여름에 비해 햇빛이 약하다는 것은 북반구 겨울이 남반구 겨울에 비해 햇빛이 강하다는 것을 의미한다. 해양은 이러한 극단을 어느 정도 평균화할 수 있을 만큼 열을 충분히 저장한다. 반면 이산화탄소 강제력은 거의 모든 곳에서 1년 내내 동일하게 작용한다. 따라서 1W/m²의 이산화탄소 강제력은 궤도에 따른 태양 강제력 1W/m²보다 빙상 생성에 더 큰 영향을 미친다.

대기 중 화석 연료 이산화탄소의 수명이 길다는 것은 인간의 활동이 앞으로 오랜 시간 햇빛 강도의 트리거 값에 영향을 미친다는 것을 의미한다. 그림 20에는 미래의 대기 중 이산화탄소 농도 예측값과 빙상 형성의 트리거 값에 영향을 주는 더 높은 이산화탄소 농도가 함께 표시되어 있다. 이산화탄소 배출량이 많을수록 트리거가 크게 이동한다. 자연적인 간빙기 이산화탄소 농도에 의한 자연적인 기후의 진화는 거의 빗나갔고, 빙상 형성이 시작될지도 불확실해졌다. 이산화탄소가 증가하면 트리거는 점점 더 멀리 이동한다. 위기일발의 상황은 아니다.

지금까지 인류가 빙하 주기에 끼친 영향은 비교적 적어 보인다. 북반구의 여름철 햇빛 강도는 자연적인 이산화탄소 수준의 트리거 값보다 약 2W/m² 더 밝았다. 인류는 1750년 이후 약 300기가톤의 탄소를 방출했는데, 이는 3천 년 후의 트리거 값을 약 2.5W/m² 줄이는 효과가 있을 것이다. 위기일발의 상황이 조금씩 멀어지고 있다.

만약 인류가 궁극적으로 2천 기가톤의 탄소를 태운다면(다음 세기에 대한 통상적인 전망), 5만 년 안에는 빙하기가 오지 않을 것이고 13만 년 후의 서늘한 여름을 기다려야 할 것이다. 만약 전체 석탄 매장량(즉 5천 기가톤의 탄소)을 사용한다면, 빙하기는 50만 년 정도 지연될 수 있다. 지구는 현재 원형 궤도의 기간이 아니라 다음 원형 궤도가 나타나는 40만 년 후까지 간빙기 상태로 남아 있을 수 있다.

겉으로는 좋은 일인 듯싶다. 나는 지난 빙하기에 약 1.6km 두께의 얼음으로 덮여 있었던 시카고에 살고 있다. 빙하기의 복귀는 부동산 가치에는 좋지 않을 것이다. 그러나 나는 이 예측을 이산화탄소 배출에 찬성하는 주장으로 제시하지는 않을 것이다. 온난화의 잠재적 위험은 즉각적이지만, 자연계에서 다음 빙하기는 수천 년 동안 발생하지 않았다.

이산화탄소 배출이 이미 에너지 인프라의 일부가 아니라면, 아무도 다음 빙하기의 위험을 모면하고자 이산화탄소를 일부러 배출하자고 주장하지는 않을 것이다. 트리거 모델의 실질적 의미는 궤도 변화로 초래되는 자연적 냉각이 지구 온난화에서 우리를 구할 수 없다는 것이다.

모델의 또 다른 의미는 당장의 실현 가능성이라기보다는 오히려 관점을 바꿔야 한다는 것이다. 이산화탄소 배출로 인해 인류는 지구 궤도에 의한 기후 영향을 능가할 만한 능력을 갖추었고, 수백만 년 동안 지구에서 작동되어 온 기후 시스템을 통제하게 되었다.

맺으며

탄소 경제에서 탄소를 줄이는 방법

인류는 앞으로 수십만 년 동안의 지구 기후를 바꿀 잠재력을 지니고 있다. 하지만 정말 그럴까? 이미 굳어진 인간 사회의 습성과 에너지 인프라 그리고 지구상의 많은 인구로 말미암아 지구 온난화는 예정대로 진행될까? 아니면 지구 온난화를 피할 수 있을까? 훨씬 예측하기 어려운 질문이다. 나는 우리가 어떻게 하느냐에 따라 위험한 기후 변화를 기술적으로 피할 수 있다고 믿는다. 하지만 몇 가지 문제가 발목을 잡는다. 기후 변화는 서서히 증가하고 장기간 계속되는 전 지구적 문제다. 해결책을 협상하려면 인류 역사상 유례없는 국제적 협력이 필요할 것이다.

다음 세기의 기후가 예상대로 진행되거나 예상치 못하게 나빠진다면 이산화탄소를 오염물질로 분류하려는 정치적 의도가 더욱 강화될 것이다. 산업 문명은 이미 지난 몇백 년 동안 에너지원을 18세기의 나무에서 19세기의 석탄으로, 20세기에는 석유와 가스로 여러 차례 바꿨다. 장기적으로는 다시 바꾸는 것이 그리 어렵지 않을 것이다. 만약 인류 문명이 화석 연료가 이미 고갈된 세계에 뿌리내렸더라면 어땠을까? 그런 상황이라면 인류는 쓸 만한 대체 에너지원을 개발했을 것이다.

하지만 세계적 규모로 볼 때 향후 수십 년 간 상황은 쉽지 않아 보인다. 이산화탄소 배출은 국제적으로 경제적·군사적 패권과 밀접하다. 1990년 온실가스 배출량의 6% 감축을 의무화한 교토 의정서가 채택되었으나 미국과 호주 정부는 막대한 예산이 든다는 이유로 거부했다. 아래에서 살펴보겠지만, 궁극적으로 대기 중 이산화탄소를 안정화하려면 훨씬 더 크게 감축해야 한다.

대기의 화학적 특성은 공유지의 비극의 전형적인 예다. 즉 이산화탄소 배출로 이익을 얻는 건 개인이지만, 그 대가는 모두가 함께 치른다. 그런 상황에서 개인은 자신의 이익을 위해 공동 자원을 최대한 활용하려고 한다. 이산화탄소 배출량을 줄이려면 인류가 이전에 이룬 적 없을 정도의 세계적인 협력이 필요할 것이다. 1985년 몬트리올 의정서 이후 성층권의 오존을 고갈시킨다는 이유로 염화불화탄소[CFCs] 또는 프레온의 사용이 금지되었다. 프레온은 경제적인 대안이 있어서 이산화탄소의 단계적 배출 감축보다 훨씬 쉬웠다. 그러나 현재 당장 화석 연료를 대체할 에너지는 없다. 그전에 먼저 살펴봐야 할 것이 있다.

이산화탄소 배출량이 어느 정도면 과다한 것일까? 만약 큰 건물을 지으려고 한다면 건물 크기에 대한 몇 가지 제한 사항이 있을 수 있다. 강한 바람에 넘어질 정도로 높아서는 안 되고, 도로에 엄청난 교통량을 가져와서도 안 된다. 일정 높이를 넘으면 항공 교통을 방해하거나 경관을 망칠 수도 있다. 공학 분야에서는 흔히 시간을 두고 이러한 이슈들을 별도로 고려한다. 이러한 접근 방식처럼 기후 변화 협상 또한 본질적으로 지구공학 분야에서 계획을 세우는 것이라 할 수 있다.

가장 중요한 기후의 방지책은 지구 평균 온도에서의 최대 허용값이다. 지구 온난화가 2℃를 넘어서면, 과거 수백만 년 동안보다 더 따뜻해질 것이다. 기후가 최근의 자연적인 변동의 범위를 벗어나 새로운 기후로 바뀌면, 새로운 형태의 대기나 해양 순환 또는 강우나 가뭄 등이 돌발적으로 일어난다. 물론 1℃의 인위적인 기후 변화가 2℃보다 나을 것이고, 인류가 기후에 전혀 영향을 주지 않는 것이 가장 안전할 것이다. 그러나 숫자로 얘기하자면 2℃는 미래에 가능하면 피해야 할 위험한 온도 상승의 기준이다.

해수면 상승은 또 다른 가시적인 위험 한계 기준이다. IPCC는 다음 세기에 해수면이 0.5m 정도 상승할 것으로 예측하는데, 상당한 수치이지만 일반적으로 재앙으로는 여겨지지 않는다. IPCC의 통상적인 해수면 상승 전망에 따르면 우리는 적어도 다음 세기까지는 비교적 안전한 지대에 있을 것이다. 그러나 해수면이 1~2m 이상 상승하면 많은 사람이 이주하기 시작할 것이다. 인구 및 고도에 대한 자료(McGranihan et al., http://sedac.ciesin.columbia.edu/gpw/lecz.jsp)에 따르면, 해수면이 10m 상승하면 인류의 약 10%가 이동해야 한다.

12장에서 왜 많은 지구과학자가 IPCC의 해수면 상승 예측이 과소평가되었다고 믿는지를 설명했다. IPCC의 예측에는 온난화에 대한 응답으로 바다 쪽으로 빙상이 더욱 흘러갈 가능성은 빠져 있다. 그린란드 빙상은 최근의 온난화로 인해 더 빨리 흐르기 시작했다. 또한 그린란드와 남극대륙에서 빙붕이 후퇴하면서 그 뒤에 있는 빙상이 바다로 더 빨리 흐르게 되었다.

지질학적 과거의 지구 온도와 해수면의 상관관계로 판단하건대, 통상적인 3℃ 지구 온난화로 인한 해수면은 틀림없이 수십 미터 상승할 것이다. 아마도 다음 세기에는 해수면은 문제가 되지 않을 만큼 느리게 반응할 것이다. 그러나 과거에 해수면이 100년에 수 미터 상승한 적이 있었다. 미래 해수면 예측에 사용되는 빙상 모델은 일반적으로 과거에 있었던 급격한 해수면 상승 기간을 설명하지 못한다. 기후에 대한 빙상의 응답으로부터 발생하는 몇몇 불확실성 때문에 이산화탄소 농도가 얼마여야 해수면이 과하게 상승하지 않고 안전한지 정하기는 어렵다.

기후 민감도라는 변환 인자(ΔT_{2x})를 사용하면 최대 온도를 대기 중 최대 이산화탄소 농도로 변환할 수 있다. 여기서 변환 인자는 대기 중 이산화탄소 농도를 2배 늘렸을 때 도달하는 지구 온난화로 정의된다. 이는 기후 모델을 만드는 사람들이 자신의 모델을 다른 모델 또는 실제 기후와 비교하는 데 사용하는 일종의 기준이다. 현실에서 변환 인자의 값은 지난 세기의 기상 자료와 더 오랜 과거의 대용 자료(나무의 나이테 등)의 분석에 기초한다. IPCC는 변환 인자에 대해 95% 신뢰도로 2.5~4℃의 범위를 명시하고 있으며, 적절한 중간값은 3℃다.

이산화탄소 농도가 최대인 정점의 기간은 아마도 몇백 년 동안 지속될 것이다. 기후가 이산화탄소 상승에 완전히 응답하는 데 몇백 년이 걸리므로, 그 시간 틀에서 예상할 수 있는 온난화는 아마도 변환 인자로 표현되는 전체 평형 값보다 약간 작을 것이다. 변환 인자의 측정 불확도를 감안하여 계산하면, 대기 중 이산화탄소 농도가 약 420ppm이면 2℃ 온난화를 피할 수 있을 것이다.

그러면 이산화탄소 420ppm은 어느 정도일까? 모델들의 계산 결과는 모두 같지 않지만, 기본적으로 대기 중 이산화탄소를 420ppm으로 제한하려면 화석 연료를 사용하는 전체 기간에 총 탄소 배출량이 약 600기가톤으로 제한되어야 한다. 인류는 이미 대기 중에 약 300기가톤의 탄소를 이산화탄소로 방출했다. 나머지 300기가톤의 탄소는 남아 있는 석유 및 가스의 매장량과 비슷하다.

따라서 지구 온난화를 피하는 간단한 개념은 석유와 가스는 계속 태우지만, 석탄 연소는 멈추는 것이다. 석탄 연소는 현재 탄소 배출량의 3분의 1을 차지하며, 석유와 천연가스가 각각 3분의 1이다. 장기적으로 볼 때 사용 가능한 석탄의 양은 석유와 가스의 10배가 넘는다. 궁극적으로 지구 기후의 미래는 석탄에 대해 어떤 결정을 내리느냐에 달려 있다.

지구 온난화에 대한 정치적·과학적 논의의 대부분은 2100년까지로 한정된다. 편의적으로 고려 범위를 2100년으로 제한하고 이후에 어떤 일이 발생하든 신경 쓰지 않는다면, 이산화탄소 배출량에 67%의 할증률이 생겨 허용 탄소 배출량이 약 1천 기가톤으로 증가한다. 이 할증률은 대기 중 이산화탄소가 변한 뒤 지구가 완전히 따뜻해지는 데 수백 년이 걸릴 것이라는 예상에서 비롯되었다.

2100년 이전까지 67% 더 많은 이산화탄소가 배출될 수 있으며, 2100년에는 이산화탄소로 인한 온난화의 67%가 아직 일어나지 않을 것이다. 2100년에는 지구 온도가 2℃ 더 올라갈 수 있지만, 그 이후 수백 년 동안 3.3℃까지 올라갈 수 있다. 다소 교활한 전략처럼 들리지만, 모델 실행, 온난화 시나리오, 정치적 논의를 2100년까지로 한정하면 이러한 의도치 않은 결과가 일어날 수 있다.

앞으로 수십 년 동안 자연계가 인간이 배출하는 것보다 절반 정도 빨리 이산화탄소를 흡수한다는 사실을 눈여겨봐야 한다. 화석 연료에서 나온 이산화탄소는 바다로 녹아 들어가며, 일부는 육지 생물권에 흡수되고 있다(8장 참조). 만약 배출량을 절반 정도 줄인다면, 자연계가 배출량을 따라잡을 것이고 대기 중 이산화탄소 농도는 적어도 당분간 상승하지 않을 것이다.

현실적으로 이 정도의 급격한 감축은 하룻밤 사이에 이루어지지 않는다. IPCC는 대기 중 이산화탄소 농도가 당분간 계속 증가하리라고 인식하고 미래의 잠재적인 이산화탄소 변화 곡선인 '안정화 시나리오'를 고안했다. 이는 궁극적으로 이산화탄소 농도가 특정 목표 농도와 같아진다는 내용이다. 450ppm 안정화 시나리오에 따르면 2050년 이후에 목표를 달성하고 수평을 유지한다(그림 22의 위). 대기 중 이산화탄소 농도의 목표가 정해지면, 탄소 순환 및 기후 모델을 사용하여 얼마나 많은 이산화탄소가 일정을 지키면서 배출되는지 알아낼 수 있다. 그림 22의 아래쪽은 이산화탄소 배출 유량을 나타내며 직접 사용해 볼 수 있는 온라인 모델로 만들었다('언더스탠딩 더 포레스트understanding the forecast' 웹사이트 참조).

이산화탄소를 현재 농도로 동결하려면 즉시 배출량을 절반으로 줄여야 하지만, 이산화탄소를 450ppm에서 안정화하려면 대체 에너지원을 개발해야 하므로 수십 년은 걸릴 것이다. 통상적인 대안 시나리오에서는 향후 50년 동안 연간 탄소 배출량이 현재의 7기가톤에서 약 15기가톤으로 2배 증가한다. 위험한 기후 변화를 피하려면 2050년까지 배출량을 약 80% 줄여야 한다.

이산화탄소 배출은 산업과 경제의 여러 부문에서 발생한다. 이산

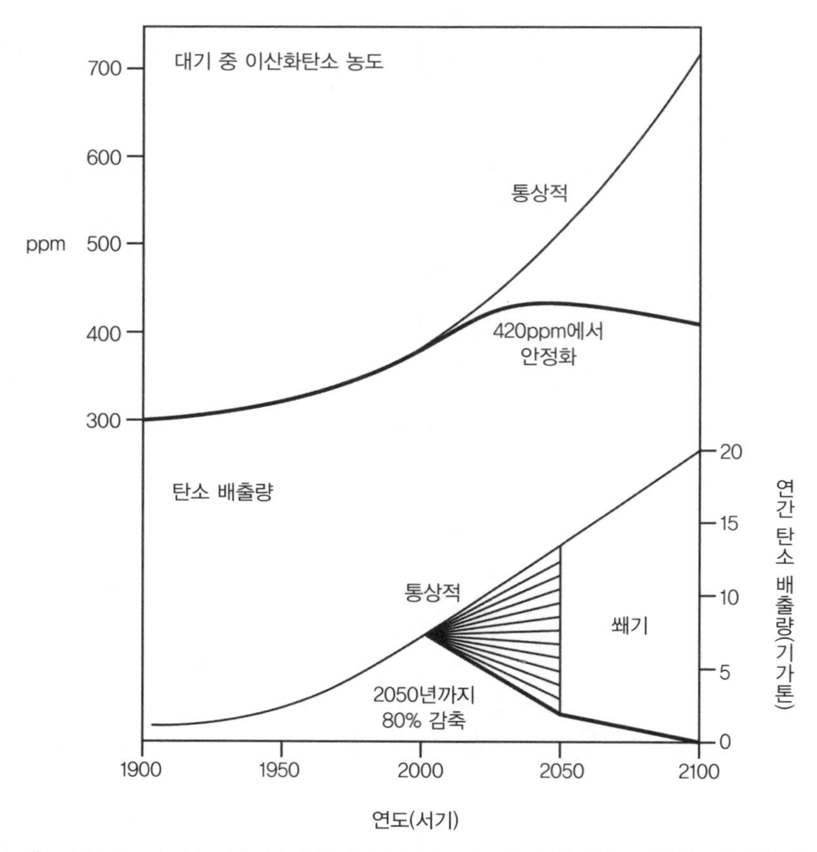

그림 22. 위: 대기 중 이산화탄소 농도 시나리오. 통상적인 경우와 420ppm에서 안정화된 경우다. 아래: 위 그림과 같은 이산화탄소 농도 변화를 달성하는 데 필요한 이산화탄소 배출 유량. 통상적인 경우와 안정화 사이의 차이는 여러 개의 '쐐기'로 나뉜다.

화탄소 배출량을 크게 줄이려면 다양한 이산화탄소 배출원을 바꾸어야 한다. IPCC 2007 완화 보고서에서는 이 전략을 '솔루션 포트폴리오'라고 부르지만, 대부분 사람들은 이를 '쐐기'라고 부른다.

쐐기는 0에서 시작하여 2050년에는 연간 탄소 1기가톤까지 이산화탄소 배출량을 감축한다. 프리스턴대학교의 환경학 교수인 스티브 파칼라Steve Pacala와 물리학 교수인 롭 소콜로우Rob Socolow는 기존의 기술과 방법을 기반으로 15개의 잠재적 쐐기를 확인했다. 두 사람은 7개의 쐐기가 필요하다고 보았지만, 이산화탄소의 위험 한계농도가 지난 몇 년 동안 낮아졌으므로 12개의 쐐기가 필요할 수도 있다.

하나의 잠재적인 쐐기는 2050년에 20억 대의 자동차가 도로를 달릴 것이라고 가정하고, 자동차 연비를 통상적인 1갤런당 30마일(1리터당 12.8km)에서 60마일(1리터당 25.5km)로 높이는 것이다. 다른 하나는 단열재 및 조명과 같은 건축 소재의 변화에서 비롯될 수 있으며, IPCC는 이러한 변화를 통해 전체 비용을 절감하면 쐐기를 만들기에 충분한 에너지를 절약할 수 있다고 밝혔다. 오늘날보다 풍차가 50배 늘어나면 이 또한 쐐기가 될 것이다. 바이오 연료 생산에 쓰이는 세계 농경지의 6분의 1은 물론, 무경운 농업(밭을 갈지 않는 친환경적 농업 기술—옮긴이)도 쐐기에 기여할 것이다.

지구에는 석탄이 너무 많다. 따라서 미래 기후는 결국 석탄 처리에 달려 있다. 석탄을 통해 전기를 생산하는 새로운 기술이 있다. 석탄 가스화 복합발전Integrated Gasification Combined Cycle, IGCC이라고 불리는 이 기술은 석탄을 고온·고압에서 가스화하여 전기를 생산하는 친

환경 발전 기술이지만 석탄 화력 발전보다는 비용이 많이 들어서 아직 산업 표준으로 자리 잡지 못했다. 규제 상태에 놓인 에너지 시장에서 전력 공급 회사들이 가장 저렴한 방식 외에 다른 방식을 택하기는 쉽지 않다. 석탄 가스화 복합발전의 장점(효율 포함)은 이산화탄소를 거의 순수한 형태로 생산한다는 것이다. 반면 전형적인 석탄 화력 발전소 배출물의 약 10%는 이산화탄소로 공기 중 질소에 의해 희석된다.

한편 배출된 이산화탄소는 탄소 포집 및 격리Carbon Capture and Sequestration, CCS라고 불리는 방법으로 포집되어 땅속으로 다시 주입될 수 있다. 이 방법이 공정의 일부로 포함되면, 석탄 연소 후 배출물에서 질소와 이산화탄소를 분리하는 것보다 석탄 가스화 복합발전을 통해 석탄에서 에너지를 추출하는 것이 전반적으로 더 저렴할 것이다. 석탄 가스화 복합발전은 수은과 유황 배출 역시 제거한다.

이산화탄소 격리에는 주로 화석 연료 산업과 관련된 몇 가지 작은 노력이 있었다. 북해에 있는 노르웨이의 슬레이프너 베스트 가스Sleipner Vest gas 프로젝트에서는 메테인으로부터 이산화탄소를 분리하여 메테인을 뽑아낸 곳과는 다른 암석층에 주입한다. 기존 시추공을 이용하여 현재 비어 있는 지하의 원유 저장소에 이산화탄소를 주입할 수도 있다.

지구에서 가장 큰 잠재적 이산화탄소 저장고는 염수 대수층이다. 염수 대수층은 사암과 같은 다공질 암석으로 이루어진 지층으로, 공극에는 소금기가 있는 물, 즉 염수가 들어 있다. 공극 속 소금물은 쓸모가 없기 때문에 거기에 이산화탄소를 주입하는 편이 더 나으리라는 아이디어에서 출발했다. IPCC 격리 보고서는 염수 대수층이 이산화탄소로서 최대 1만 기가톤의 탄소를 저장할 수 있다고 추정한다. 수백만 년 된 지하 천연가스 저장소에서 알 수 있듯 땅속에서의 장기간 가스 격리는 성공할 가능성이 충분하다.

그러한 격리 장소에서 이산화탄소가 누출되면 치명적일 수 있다. 아프리카의 니오스Nyos 호수에서 천연 이산화탄소가 빠져나왔을 때, 냄새 없는 짙은 가스층이 복수심에 불타는 유령처럼 지형을 따라 흘러가면서 그 길에 있던 모든 것을 소리 없이 죽였다. 한편 지진으로 땅속에 격리된 이산화탄소가 잠재적으로 방출될 수도 있고, 지상으로 연결된 이산화탄소 파이프라인이 파손될 수도 있다. 가장 쉬운 이산화탄소 격리 방법은 이미 구멍이 뚫려 있고 거의 비어 있는 유정과 가스정에 이산화탄소를 주입하는 것이다. 하지만 이 방법은 니오스 호수처럼 재앙적이지는 않더라도 방치된 시추공에서 수년 간 가스가 천천히 새어 나갈 가능성이 있다.

성공적인 격리 목표로 연간 0.1%의 누출률이 제시되기도 했다. 이 속도라면 저장고 속 이산화탄소는 천 년이라는 기간에 대기로 빠져나갈 것이다. 이 정도의 격리는 이산화탄소 농도의 최댓값은 물론 짧은 기간 기후에 미치는 화석 에너지의 영향을 줄일지는 몰라도, 지질학적 시간 규모에서는 영향이 매우 미미하다.

심해에 이산화탄소를 주입하는 방법도 있다. 분사기 노즐 근처의 물은 산성이 되어 해양 생물에 상당히 유독할 테지만, 이산화탄소가 나머지 해양과 섞이면서 산성도가 줄어들 것이다. 결국 이산화탄소는 대기와 평형을 이루기 시작할 것이다. 천 년 정도가 지나면 대기에는 해양으로 주입된 이산화탄소의 약 4분의 1이 포함될 것인데, 마찬가지로 해양에는 대기로 주입된 탄소의 약 4분의 1이 포함된다.

즉 최종 평형 상태는 이산화탄소가 방출되는 장소와는 무관하며, 어느 경우든 같은 방식으로 이산화탄소가 확산된다.

탄소의 해양 격리는 다음 몇백 년 동안 정점에 있었던 대기 중 이산화탄소의 양을 감소시킬 것이다. 두 가지 선택지밖에 없다고 했을 때, 이산화탄소를 대기로 방출하는 것은 해양에 주입하는 것보다 더 나쁜 생각이다. 그러나 해양 격리로 지질학적 시간 규모에서 화석 에너지 사용의 영향이 매우 작아질 것이다.

2050년 이후 에너지 사용 예측을 이산화탄소 안정화에 대한 탄소 순환 모델과 비교한 결과, 뉴욕대학교 물리학과 교수인 마틴 호퍼트Martin Hoffert와 동료들은 탄소를 포함하지 않는 새로운 에너지원이 필요하다고 결론지었다. 한마디로 거대한 에너지원이 필요하다는 것이다. 호버트 팀의 예측에 따르면 2100년까지 인류는 10~20테라와트의 무탄소 전력이 필요하다. 오늘날 전 세계 에너지 생산율은 14테라와트이며, 대부분 화석 연료에 의존하고 있다.

오늘날 이용 가능한 무탄소 에너지원 중 어느 것도 이 정도의 전력을 공급할 수 있을 것 같지 않다. 예를 들어 원자력을 사용하면 10테라와트 공급을 위해 100년 동안 1기가와트급 발전소를 이틀 걸러 하나씩 건설해야 한다. 이를 바이오 연료로 대체하려면 하나도 남김없이 모든 농경지에서 연료만 생산해야 할 것이다. 태양 전지로 대체하려면 오늘날보다 1만 배 더 빨리 관련 시설이 구축되어야 한다.

내가 개인적으로 좋아하는 에너지 대량 생산에 대한 아이디어는 두 가지다. 하나는 휴스턴대학교의 데이비드 크리스웰David Chriswell이 주창한 아이디어로, 달에 태양 전지 발전소를 세우는 것이다. 달에는 바람이 없어 태양 전지가 먼지로 덮일 일도 없고, 비가 오지도 않으며 날아다니는 새도 없다. 대기와 구름도 없어 들어오는 햇빛이 도중에 반사되지도 않는다. 생산된 전력은 마이크로파 빔으로 지구로 전송되며, 그 파장이 날아다니는 새들에 영향을 주지 않는다. 마이크로파 빔으로 운반된 에너지는 한 변이 10km 정도인 지구의 안테나로 수신될 것이다.

달에 설치될 태양 전지는 달의 표토인 레골리스를 정제하여 만들 수 있다. 따라서 태양 전지를 지구에서 만들어 달까지 운반할 필요가 없다. 이 동력원을 건설하는 데는 수십 년의 기간과 기술 개발(특히 로봇 공학), 엄청난 횟수의 우주 비행 임무가 필요할 것이다. 하지만 일단 시작되면 필요한 수십 테라와트의 전력까지 충분히 도달할 것이다.

내가 가장 좋아하는 또 다른 아이디어는 제트기류를 타고 연처럼 나는 고공 풍차다. 전력은 밧줄에 묶인 전선을 통해 전송될 수 있다. 대략적인 개념도는 스카이 윈드파워 웹사이트(https://www.skywindpower.com/)에서 볼 수 있다. 전력 밀도(프로펠러 면적당 에너지, W/m^2)는 지상보다 약 9km 높이에서 훨씬 높다. 고공 풍차 전력 역시 우리가 원하는 수십 테라와트의 전력을 생산하도록 확장될 수 있다.

지구공학자들은 현재보다 더 서늘한 기후로 돌아갈 수 있는 여러 방법을 제안했다. 그중 하나는 성층권에 연기를 불어 넣는 것이다. 비행기 연료에 황을 첨가하면 황의 연무가 만들어지고 그로부터 지구로 유입되는 햇빛이 산란되어 우주로 되돌아 나간다. 성층권에서는 비가 내리지 않으므로 부유 입자와 물방울은 대류권보다 성층권에서 훨씬 더 오래 떠다니며 햇빛의 유입을 방해할 수 있다. 이런 방식으로 1992년의 필리핀 루손섬의 피나투보 화산이나 1982년의 멕시코 동남부 엘치촌El Chichón 화산이 분화했을 때 몇 년 동안 지구 기후가 냉각되었다. 또 다른 제안은 우주에 거대한 거울을 띄우는 것이다. 지구와 태양 사이의 라그랑주 점에 거울을 위치시키면 그곳에서는 두 천체를 향한 중력이 서로 균형을 이룬다. 거울은 햇빛을 반사하여 지구를 식힐 수 있다.

이러한 생각들은 수천 년 동안 지속되는 기후 변화와 비교했을 때 좀 얄팍해 보인다. 성층권의 에어로졸은 몇 년 동안 이어지지만 지속적으로 보충해야 한다. 우주에 설치한 거울은 아마도 수십 년 간격으로 조정해야 할 것이다. 거울이 정확한 위치에서 영원히 안정적일 것이라고는 생각되지 않는다. 만약 미래 문명이 사회적 붕괴나 경제적 불황에 직면하여 기후 비용(우리가 후손에 남긴 청구서)을 처리할 수 없다면, 우리가 여태 배출하여 빚어진 기후의 영향은 고스란히 후손에 전가될 것이다.

이 문제를 정면으로 다룰 수 있는 유일한 지구공학적 계획은 대기에서 이산화탄소를 추출하여 어딘가에 격리하는 것이다. 문제는 이산화탄소와 지구 온난화에 대한 모든 소란에도 불구하고, 이산화탄소가 현재 공기 분자의 0.038%에 불과한 미량 성분이라는 것이다. 대기라는 희석된 혼합물에서 이산화탄소를 분리하려면 에너지와 노력이 필요하다. 이산화탄소를 추출하기 위해 또다시 대기 중으로 이산화탄소를 배출하는 것은 정말 어리석은 전략이다. 물론 나무와 농작물은 대기에서 이산화탄소를 뽑아낸다. 농장 폐기물을 탄소 격리 조치로서 심해에 버릴 수도 있다. 하지만 이 모든 것은 노력을 요구한다. 애초에 이산화탄소를 대기 중으로 배출하지 않는 것이 더 현명해 보인다.

기후 변화에 관한 선택지가 다양하면 때때로 이를 경제학의 틀 안에서 비교할 수 있다. 세계 에너지 생산 인프라를 바꾸는 데는 어느 정도 비용이 수반될 수 있다. 에너지 효율을 높이는 데 초기 투자가 필요하겠지만 장기적으로는 그만큼의 이익이 돌아온다. 기후 변화로 인한 피해는 기후 변화에 적응하는 데 드는 노력뿐만 아니라 재정 측면에서도 평가할 수 있다. 특별한 경우 기후 변화의 금전적 이점도 있을 수 있다. 경제학 도구를 사용하면 비용이 가장 적게 드는 경로를 찾을 수 있다.

이산화탄소 배출 저감의 초기 비용은 일반적으로 그리 높지 않다. IPCC 완화 보고서에 따르면 특히 건설 부문은 순 마이너스 비용(즉 에너지 절약을 통한 비용 절감)으로 배출량을 상당히 줄일 수 있다. 배출량 감축이 불가피하다면 우물쭈물하다가 사업 기회를 남에게 양도하기보다는 남에게 판매할 수 있는 효율적인 기술을 개발하여(유럽의 풍차 제조업체와 일본의 효율적인 자동차 제조업체처럼) 시대에 앞서 나가는 것이 경제적으로 이치에 맞다. 이산화탄소 감축을 늦추면 같은 수준의 안정화된 대기 중 이산화탄소 농도에 도달하기까지 결과적으로 더 많이 감축해야 한다. 감축이 불가피하다면 망설이지 말고 지금 시작하는 것이 더 저렴할 것이다.

자유시장은 공유지의 비극이라 불리는 이산화탄소 배출 문제에 맹점이 있다. 앞에서 논의한 대로 많은 사람이 공통 자원의 혜택을 공유할 때 문제가 발생한다. 공유지의 고전적인 예는 가축 방목 같은 공용 경지이지만 대기의 화학적 특성도 또 다른 예로 볼 수 있다. 개인이 공유지에서 양에게 먹이를 먹이거나 이산화탄소를 버릴 수는 있지만, 공유지 사용에 따른 비용은 모든 사람이 함께 부담한다. 경제학자들은 공유지의 붕괴를 외부 비용이라 부르는데, 개별 의사 결정자의 예산과 무관하기 때문이다. 결과적으로 최대한 많이 움켜쥐는 것이 개개인의 이익에 부합하기 때문에 공통 자원이 과도하게 착취될 수밖에 없다.

경제학적으로 표현하자면 시장 왜곡(즉 모든 사람에게 피해를 주는 것)을 피하는 방법은 기후 변화 비용을 내부화하는 것(즉 휘발유를 사는 사람이 기후 변화에 대한 비용을 치르도록 하는 것)이다. 공유지의 비극을 피하려면 세금이나 배출량 제한 등 비용을 내부화하기 위한 규제가 필요하다.

경제학은 시간이 지남에 따라 다소 근시안적인 속성을 가지고 있다. 근시안의 원인은 금리다. 돈을 투자하면 이자가 붙으면서 커진다. 금리가 3%라면 오늘 투자한 100달러는 연말에는 103달러, 100년 후에는 2천 달러로 늘어날 것이다.

지금 한 경제학자가 미래에 발생할 비용의 지불 방식을 놓고 고민하고 있다고 상상해 보자. 지금 지불해야 할까, 아니면 나중에 지불해야 할까? 만약 나중에 지불하기로 한다면 당장은 그 비용보다 적은 돈으로 투자할 수 있다. 그리고 그 투자금은 나중에 필요한 비용만큼 불어날 것이다. 100년 후 100달러의 비용을 마련하려면 지금 5달러를 투자하면 된다. 결국 나중에 지불하는 것이 훨씬 싸다. 3%의 금리는 우리의 인식을 약 30년이라는 시간으로 제한하는 경향이 있다. 경제학의 도구는 너무 먼 미래에 주의를 기울이도록 프로그램되어 있지 않다.

하지만 경제학은 단순한 도구 그 이상이다. 경제학은 물이 아래쪽으로 흐르듯 경제 시스템의 생명줄인 돈이 실제로 흐르는 방식을 설명한다. 돈은 단기적인 이익을 향해, 그리고 규제되지 않은 공통 자원을 과도하고 부당하게 이용하는 쪽으로 흐른다. 마치 그리스 신화의 영웅들을 비극적인 파멸로 인도하는 보이지 않는 운명의 손과 같다. 이러한 경제학적 이해를 통해 통상적으로 알려진 시장의 자유로운 손이 지구 온난화라는 위협에 우아하게 대처하지 못할 것임을 짐작할 수 있다.

궁극적으로 그 문제는 경제보다는 윤리로 귀결될 수 있다. 미국에서 100여 년 전에 폐지된 노예제도는 윤리적인 문제였다. 즉 노예제도 폐지가 경제적으로 유익한지 비용이 많이 드는지를 따진 것이 아니다. 노예제도는 근본적으로 잘못된 제도였다.

화석 연료 사용에 따른 비용과 이익은 공정하게 공유되지 않는다. 오늘날 화석 연료 경제의 혜택은 대부분 온대지역에 있는 산업화된 선진국에 돌아가고 있다. 반면 IPCC 제2실무그룹의 기후 변화 영향에 대한 과학적 평가보고서에서 지적하듯이, 기후 변화의 비용은 열대지역에서 치르게 될 것이다. 어떤 자연재해가 발생했을 때 응급 서비스가 잘 갖춰진 선진국보다 개발도상국에서 더 많은 희생자가 나온다. 저위도 지역의 국가들은 자급자족하는 농민의 비율이 높은 편으로 날씨 변화에 매우 취약하다. 선진국에서는 에너지 집약적 농법으로 말미암아 소비량보다 더 많은 식량을 생산하고 있다. 또한 선진국에서는 식량 생산의 세계화가 이루어져 지역적인 농업 환경으로부터 탈피하고 있다.

승자와 패자 사이에는 시간 차이도 있다. 화석 연료 사용에 따른 이익은 연료가 고갈될 때까지 현재와 다음 세기까지 축적되는 반면, 그에 따른 비용은 수천 년 동안 이어질 것이다. 숫자로 본다면 지구 온난화의 영향을 받는 사람은 대부분 미래의 사람들이다.

지금부터 1세기 후 지구인들은 우리의 일 처리 방식에 대한 경제적 투표권조차 갖지 못한다. 그들의 투표권은 경제 금리로 인해 박탈되었다. 특히 결정의 영향을 받는 대부분의 사람, 즉 먼 미래의 사람들이 그 결정에 발언권을 갖지 못할 때 정치적인 과정에 윤리와 공정성이 크게 요구된다.

휘발유 1갤런이 지구에 미치는 엄청난 잠재력을 고려하면서 결론을 내리려고 한다. 1갤런의 휘발유를 연소하면 약 2,500킬로칼로리의 에너지가 발생하지만, 이는 시작에 불과하다. 탄소는 이산화탄소로 대기 중에 방출되고 적외선을 흡수하여 지구에서 우주로 나가는 복사에너지를 가둔다. 이산화탄소의 약 4분의 3은 몇 세기 안에 사라질 테지만, 나머지는 수천 년 동안 대기 중에 남아 있을 것이다.

1갤런의 휘발유에서 나온 이산화탄소가 대기에 머물면서 흡수한 에너지의 총량을 합산하면, 쓸모도 없고 원치도 않는 온실 효과의 열이 무려 1천억 킬로칼로리에 이른다. 휘발유 1갤런을 연소할 때 생기는 나쁜 에너지는 우리가 이용할 수 있는 좋은 에너지보다 약 4천만 배 더 크다.

휘발유 1갤런은 자연적으로 안정화될 수 있는 지구 기후를 그 피드백 시스템에서 벗어나게 할 만큼 엄청난 잠재력을 지니고 있다. 부디 우리가 새로 발견한 능력을 현명하게 사용할 수 있기를 바란다.

번역 후기

지구 온난화를 비롯해 시중에는 기후 변화에 관한 책이 많이 나와 있다. 하지만 기후학자들이 인정하고 있듯, 지금 기후 변화를 제대로 해석하고 예측하는 데에는 많은 불확실성이 따른다. 더욱 확실한 예측을 위해 과거 지질시대의 지구 환경으로부터 검증해 보는 것도 좋은 방법이다. 가령 현재의 지구 온난화는 약 4천만 년 전의 온난기와 닮아 가고 있다. 먼 과거의 기후 변동은 미래 예측을 평가하는 장을 제공한다.

이 책《얼음에 남은 지문》에서는 지금 진행되고 있는 지구의 기후 변화를 살피고, 과거 지질 시대의 사례와 더불어 검토하고 있다. 또한 미래 기후를 결정하는 데 큰 영향을 끼치는 해양과 빙상의 관계를 자세히 살피고 있다. 우리는 주로 2050년 또는 2100년의 지구 기후에 관심을 가진다. 그러나 그보다 더 먼 미래의 지구 기후에는 어떤 예측을 할 수 있을까? 이 책은 그 답을 찾아가는 여정이다.

이 책은 주로 IPCC 4차 보고서를 토대로 2100년까지의 기후 변화를 예측·진단한다. 그 후 2013년에 IPCC 5차 보고서가, 2021년에 개정된 IPCC 6차 보고서가 발표되었다. 이 책에서 다루는 자료가 지금과는 조금 다를 수 있으나, 오히려 10여 년 전과 비교하여 인류가 이산화탄소를 얼마나 빨리 배출하게 되었는지 파악할 좋은 기회가 되지 않을까 한다. 즉 현재 자료를 정확히 이해하려면 이 책을 먼저 읽어 보는 것이 큰 도움이 된다.

최근 2년 동안 전 세계를 강타한 코로나19로 산업계의 움직임이 전반적으로 둔해졌다. 또한 이산화탄소 배출량이 대략 5% 줄었다. 그렇지만 전체적인 상승 경향을 저지하기에는 턱없이 부족하다. 이번 IPCC 6차 보고서 속의 다섯 가지 시나리오에도 이산화탄소 배출량을 혁신적으로 감축하지 않을 때의 비관적인 결과가 담겨 있다. 전 세계 해수면의 급격한 상승, 빙하 유실 속도의 가속화로 말미암은 북극 빙하의 소실 등도 포함되어 있는데, 이 책은 이러한 자료를 이해하기 위한 기본 토대가 된다.

저자는 수백 년 동안의 화석 연료 사용이 단순히 수백 년간 기후 변화를 일으키고 그치는 게 아니라, 수천 년 동안 극적인 기후 변화를 불러일으킨다는 점을 밝혀낸다. 오늘날 배출된 이산화탄소는 천 년 단위의 문제이며, 인류는 처음으로 장기간의 기후에 영향을 주는 주체가 되었다. 이렇듯 심각한 상황이지만 만약 인류가 전례 없는 협조 방안만 찾는다면 기후 변화의 위험을 아직 막을 수 있다고 저자는 주장한다.

이 책을 번역한 배경에는 특별한 일화가 숨어 있다. 역자 중 한 사람인 이용준은 2017년 혜화여고 학생들과 기후 변화를 주제로 세미나를 열기로 하고 서점에 가서 이 책의 원서인 《The Long Thaw》를 골랐다. 기후 변화에 관한 대부분의 책이 현재 위주이지만, 이 책은 기후 변화를 현재, 과거, 미래로 나누어 살펴보고 또 교과 내용과도 잘 맞을 것 같았다. 그렇게 이 책을 선정하고 2년에 걸쳐 학생들과 읽고 공부해 가면서 내용을 살펴보았다. 처음 흘깃 보았을 때도 좋은 책이라 생각했는데 시간이 지날수록 그 내용에 몰입하게 되었다. 특히 매스컴에 보도되던 남극 빙붕에서의 기후 변화 양상을 학생들과 함께 다뤄 보기도 했다.

책 내용이 좋았던 만큼 많은 사람과 공유하고 싶은 마음에 경상대학교 좌용주 교수와 함께 이 책을 번역하고 다듬게 되었다. 마침내 성림원북스의 이성림 대표의 배려와 이한웅 선생의 아낌 없는 희생(?)으로 한 권의 책으로 엮어낼 수 있었다. 좋은 책으로 함께 공부했던 학생들에게도 고마움을 전하며, 이 책을 통해 막연하게 알고 있던 지구의 기후 변화에 대해 좀 더 자세히 알아 가기를 바란다. '온고이지신溫故而知新'이라는 옛말처럼, 과거를 알면 다가올 미래를 예측하는 데 조금이나마 도움이 되지 않을까 한다.

참고문헌

1장

- Spencer Weart, *The Discovery of Global Warming*, 2003. (한국어판: 《지구 온난화를 둘러싼 대논쟁》, 김준수 옮김, 동녘사이언스)
- David Archer, *Global Warming: Understanding the Forecast*, 2006.
- IPCC *Scientific Assessment*, Volume 1, Chapter 1, Historical Overview of Climate Science, 2007.

2장

- IPCC *Scientific Assessment*, Working Group I, The Scientific Basis. Summary for Policymakers and Technical Summary, 2007.
- John Houghton, *Global Warming: The Complete Briefing*, third edition, 2004. (한국어판: 《지구 온난화의 이해》, 최성호 옮김, 에코리브르)

3장

- Elizabeth Kolbert, *Field Notes from a Catastrophe*, 2006. (한국어판: 《지구 재앙 보고서》, 이섬민 옮김, 여름언덕)
- Mark Lynas, *High Tide: News from a Global Warming World*, 2004. (한국어판: 《지구의 미래로 떠난 여행》, 이한중 옮김, 돌베개)
- IPCC *Scientific Assessment*, Volume 1, Summary for Policymakers, Technical Summary, and Chapters 10, Global Climate Projections, and 11, Regional Climate Projections, 2007.

4장

- Brian Fagan, *The Long Summer*, 2004. (한국어판: 《기후, 문명의 지도를 바꾸다》, 남경태 옮김, 씨마스21)

• Brian Fagan, *The Little Ice Age: How Climate Made History 1300-1850*, 2000. (한국어판: 《기후는 역사를 어떻게 만들었는가》, 윤성옥 옮김, 중심)
• Committee on Abrupt Climate Change, National Academy of Sciences, *Abrupt Climate Change: Inevitable Surprises*, 2002.
• IPCC *Scientific Assessment*, Chapter 7, Paleoclimate, 2007.

5장

• John Imbrie and Katherine Palmer Imbrie, *Ice Ages: Solving the Mystery*, 1979. (한국어판: 《빙하기》, 김인수 옮김, 아카넷)

6장

• David Archer, *Global Warming, Understanding the Forecast*, Chapter 7, Carbon on Earth, 2006.
• Robert Berner, *The Phanerozoic Carbon Cycle: CO_2 and O2*, 2004.
• Lee R. Kump, James F. Kastin, and Robert G. Crane, *The Earth System*, 2004.

7장

• Brian Fagan, *The Long Summer*, 2004. (한국어판: 《기후, 문명의 지도를 바꾸다》, 남경태 옮김, 씨마스21)
• Brian Fagan, *The Little Ice Age: How Climate Made History 1300-1850*, 2000. (한국어판: 《기후는 역사를 어떻게 만들었는가》, 윤성옥 옮김, 중심)
• Jared Diamond, *Collapse: How Societies Choose to Fail or Succeed*, 2005. (한국어판: 《문명의 붕괴》, 강주헌 옮김, 김영사)
• Owen B. Toon and colleagues, Consequences of Regional-Scale Nuclear Conficts, *Science*, 315, 1224-1225, 2007.

8장

• Wally Broecker and Taro Takahashi, Neutralization of fossil fuel CO_2 by the oceans, in *The Fate of Fossil Fuel CO_2* in the Oceans, edited by Anderson and Malahoff, 1978.

- David Archer, Fate of fossil fuel CO_2 in the geologic time, *Journal of Geophysical Research Oceans*, doi:10.1029/2004JC002625, 2005.
- David Archer and Victor Brovkin, Millennial atmospheric lifetime of anthropogenic CO_2, *Climatic Change*, 90, 283–297, 2008.
- Timothy Lenton, Enhanced carbonate and silicate weathering accelerates recovery from fossil fuel CO_2 perturbations, *Global Biogeochemical Cycles*, 20, doi:10.1029/2005GB002678, 2006.
- Phillip Goodwin and colleagues, Ocean-atmosphere partitioning of anthropogenic carbon dioxide on centennial timescales, *Global Biogeochemical Cycles*, 21, doi:10.1029/2006GB002810, 2007.
- Andrew Ridgwell and J. Hargreaves, Regulation of atmospheric CO_2 by deep–sea sediments in an Earth system model, *Global Biogeochemical Cycle*s, 21, doi:10.1029/2006GB002764, 2007.

9장

- Royal Society of London, *Ocean Acidification Due to Increasing Atmospheric Carbon Dioxide*, 2005.
- Toby Tyrrell and colleagues, The long–term legacy of fossil fuels, *Tellus B*, 59, 664, 2007.

10장

- Marten Scheffer and colleagues, Positive feedback between global warming and atmospheric CO_2 concentration inferred from past climate change, *Geophysical Research Letters*, 33, doi:10.1029/2005GL025044, 2006.
- David Archer, Methane hydrdate stability and anthropogenic climate change, *Biogeosciences*, 4, 521-544, 2007.
- ACIA contributors, *Arctic Climate Impact Assessment, Scientific Report*, 2005.

11장

- Michael Oppenheimer, Global warming and the stability of the West Antarctic ice sheet, *Nature*, 393, 325-334, 1998.
- Richard Alley and colleagues, Ice sheet and sea level changes, *Science*, 310, 456-460, 2005.
- H. Jay Zwalley and colleagues, Surface melt-induced acceleration of Greenland ice-sheet flow, *Science*, 297, 218-222, 2002.
- Goran Ekstrom and colleagues, Seasonality and increasing frequency of Greenland glacial earthquakes, *Science*, 311, 1756-1760, 2006.
- Jim Hansen, Scientific reticence and sea level rise, *Environmental Research Letters*, 2, 024002, 2007.
- Jim Hansen, A slippery slope: How much global warming constitutes "Dangerous Anthropogenic Interference?", *Climatic Change*, 65, 269-279, 2005.

12장

- David Archer and Andrey Ganopolski, A movable trigger: Fossil fuel CO_2 and the onset of the next glaciation, Geochemistry, *Geophysics, Geosystems*, 6, doi:10.1029/2004GC000891, 2005.
- Didier Paillard, Glacial cycles: Toward a new paradigm, *Reviews of Geophysics*, 39, 325-346, 2001.

맺으며

- Steve Pacala and Rob Socolow, Stabilization wedges: Solving the climate problem for the next 50 years with current technologies, *Science*, 305, 968-973, 2004.
- Marty Hoffert and colleagues, Energy implications of future stabilization of atmospheric CO_2 content, Nature, 395, 881-885, 1998, and *Science*, 298: 981-988, 2002.
- David Criswell, Solar power via the Moon, *The Industrial Physicist*, Apr/May 2002.

얼음에 남은 지문

초판 1쇄 인쇄 2022년 05월 10일
초판 1쇄 발행 2022년 05월 23일

지은이 데이비드 아처
옮긴이 좌용주 · 이용준
펴낸이 이성림
펴낸곳 성림북스

책임편집 고은희
디자인 쏘울기획

출판등록 2014년 9월 3일 제25100-2014-000054호
주소 서울시 은평구 연서로3길 12-8, 502
대표전화 02-356-5762 **팩스** 02-356-5769
이메일 sunglimonebooks@naver.com

ISBN 979-11-88762-47-7 03450

* 책값은 뒤표지에 있습니다.